第2版

Tableauによる
タブロー

最適なダッシュボードの作成と
最速のデータ分析テクニック

~優れたビジュアル表現と問題解決のヒント~

松島 七衣 著

■ 本書内容に関するお問い合わせについて

　このたびは翔泳社の書籍をお買い上げいただき、誠にありがとうございます。弊社では、読者の皆様からのお問い合わせに適切に対応させていただくため、以下のガイドラインへのご協力をお願い致しております。下記項目をお読みいただき、手順に従ってお問い合わせください。

● ご質問される前に

弊社Webサイトの「正誤表」をご参照ください。これまでに判明した正誤や追加情報を掲載しています。

　正誤表　https://www.shoeisha.co.jp/book/errata/

● ご質問方法

弊社Webサイトの「書籍に関するお問い合わせ」をご利用ください。

　書籍に関するお問い合わせ　https://www.shoeisha.co.jp/book/qa/

　インターネットをご利用でない場合は、FAXまたは郵便にて、下記"翔泳社 愛読者サービスセンター"までお問い合わせください。

　電話でのご質問は、お受けしておりません。

● 回答について

　回答は、ご質問いただいた手段によってご返事申し上げます。ご質問の内容によっては、回答に数日ないしはそれ以上の期間を要する場合があります。

● ご質問に際してのご注意

　本書の対象を超えるもの、記述個所を特定されないもの、また読者固有の環境に起因するご質問等にはお答えできませんので、予めご了承ください。

● 郵便物送付先およびFAX番号

　送付先住所　　〒160-0006　東京都新宿区舟町5
　FAX番号　　　03-5362-3818
　宛先　　　　　（株）翔泳社 愛読者サービスセンター

※本書は、本書執筆時点（2024年10月）の内容に基づいています。
※本書に記載されたURL等は予告なく変更される場合があります。
※本書の対象に関する詳細は18ページをご参照ください。
※本書の出版にあたっては正確な記述につとめましたが、著者や出版社などのいずれも、本書の内容に対してなんらかの保証をするものではなく、内容やサンプルに基づくいかなる運用結果に関してもいっさいの責任を負いません。
※本書に掲載されているサンプルプログラムやスクリプト、および実行結果を記した画面イメージなどは、特定の設定に基づういた環境にて再現される一例です。
※Tableauおよび記載されているすべてのTableau製品は、Tableau Software, LLC. の商標または登録商標です。
※その他、本書に記載されている会社名、製品名はそれぞれ各社の商標および登録商標です。
※本書では™、®、©は割愛させていただいております。

はじめに

　既刊『Tableauによる最強・最速のデータ可視化テクニック ～データ加工からダッシュボード作成まで～』は、多くの皆様にご支持いただき、版を重ねています。心より感謝申し上げます。既刊は入門書ですが、読者の皆様から「Tableauをもっと使いこなせるようになりたい」「応用編はないのか」といった声を多くいただき、本書の執筆に至りました。既刊と本書を読み合わせることで、Tableauで必要な機能や知識を一通り網羅できる内容になっています。さらに、Tableauが重視するビジュアライゼーションの世界観やベストプラクティス、実用性を高めるポイントについても十分に言及しています。

　私は以前、Tableau社で製品の導入や拡大を目的とした技術支援に携わっていました。現在は、Tableauと連携して使用できるAI/機械学習のスタートアップ企業で技術支援部門に在籍しています。Tableau在籍時の経験を活かし、国内外問わず数千人のお客様との対話から得た、よくある質問や間違いやすいポイント、一般的な利用シーン、完成度を高めるためのアドバイスを本書に盛り込んでいます。

　本書の特長を紹介しましょう。本書ではTableau特有の用語やIT用語を最小限に抑え、できるだけ一般にわかりやすい言葉で説明しています。操作手順を一つ一つ丁寧に記載し、入門書を読み終えたばかりの経験の浅い方でも迷うことなく最後まで進められるようにしています。また、理解しやすく、直観的に進められるよう、図を多く使用しています。第1章でも触れていますが、図があることで脳に情報が伝わりやすくなります。さらに多くの例題を盛り込み、実践的な使い方を学べるようにしました。

　本書は、「見せ方」「表示速度」「分析機能の活用」の3つのトピックで構成しています。「見せ方」と「表示速度」は、ダッシュボードを作成する誰もが身につけたい必須スキルです。

・第1章（見せ方）：
　人間が見やすいと感じるビジュアライゼーションのポイントを解説しています。優れたビジュアル表現に必要なのは、生まれもったセンスではなく、見せ方の知識とそれを活用した経験の量です。
・第2章（表示速度）：
　速く表示するコツを伝授します。作る側も見る側も、ストレスのないスピードで動くことは重要な要素です。
・第3章以降（分析機能の活用）：
　複数データの扱い方からデータ分析、ダッシュボードの活用までを紹介しています。

　本書の内容をマスターすれば、Tableauの機能を使いこなしながら知りたいことの答えを表現

できるレベルに到達できます。一度読み終わった後も継続して本書で紹介した内容や考え方を使うことで、複数のテクニックを組み合わせた活用もできるようになるでしょう。そして、Tableau PublicなどWeb上のリソースを参考にして、ビジュアライゼーション作成を楽しみながら継続的にスキルアップを続けていくことをおすすめします。

　本書が、皆様にとってのTableauのバイブルとなり、現在の業務と今後のキャリアに貢献できれば幸いです。

2024年10月　松島 七衣

Contents 目次

本書の使い方 ……………………………………………………… 018
付属データのご案内 ……………………………………………… 021
会員特典データのご案内 ………………………………………… 022

1 効果的なビジュアル表現

1.1 ビジュアル分析を始める前に ……………………………… 024

1.1.1 ビジュアル分析の基本 ………………………………… 024

優れたビジュアル分析が備える3つの観点：
データ、有用性、見やすさ …………………………………… 024

優れたビジュアル表現で意識すべき3つのポイント：
シンプル、わかりやすい、正しく伝わる ………………………… 025

1.1.2 対象や目的の明確化 ………………………………… 026

1.2 最適なチャートの選定 …………………………………… 028

1.2.1 人間が無意識に捉えられるビジュアル要素 …………… 028

わかりやすい視覚の要素のみを少数活用 ……………………… 029

認識しやすいグラフ：
「位置」や「長さ」で表す棒グラフ、折れ線グラフ、散布図 ……… 029

1.2.2 目的に合った実用的なチャート ……………………… 030

大きさの比較：棒グラフ ……………………………………… 030

時間推移：折れ線グラフ ……………………………………… 031

割合や構成比：100％積み上げ棒グラフとツリーマップ ……… 032

2つの変数の関係性：散布図 ………………………………… 033

分布やばらつき：ヒストグラムと箱ひげ図 …………………… 033

地図分析：マップ ……………………………………………… 034

005

値の表示：テキストやハイライト表など ……………………………… 034

目的や業界・業種で普及している表現 ……………………………… 035

1.2.3　より適切なグラフ表現 ……………………………………… 036

棒グラフの軸はゼロから開始 ………………………………………… 036

折れ線グラフの軸はゼロから開始しなくてもいいが、余白に注意 ……… 036

円グラフではなく、棒グラフを検討する …………………………… 037

時系列推移の把握には折れ線グラフ、大きさの比較には棒グラフ ……… 037

地理的関係性の把握にはマップ、大きさの比較には棒グラフ ………… 038

1.3　デザイン要素の効果的な活用 …………………………………… 039

1.3.1　デザイン要素を取り入れるときの基本的な考え方 ………… 039

1.3.2　色 ……………………………………………………………… 041

色の選定 ………………………………………………………………… 041

使用する色は最大4色まで …………………………………………… 042

色で分けたいときの解決例 …………………………………………… 042

色の組み合わせ例 ……………………………………………………… 044

カスタムカラーパレット ……………………………………………… 048

背景色 …………………………………………………………………… 051

1.3.3　テキスト・ラベル ……………………………………………… 051

フォント ………………………………………………………………… 052

ラベル …………………………………………………………………… 052

1.3.4　形状 ……………………………………………………………… 055

1.3.5　ツールヒント ………………………………………………… 056

1.3.6　書式設定関連 …………………………………………………… 059

網掛け …………………………………………………………………… 059

枠線・線 ………………………………………………………………… 059

フィールドラベル ……………………………………………………… 060

軸 ………………………………………………………………………… 060

1.4　効果的なダッシュボードデザイン ……………………………… 062

| 1.4.1 | 対象や目的に合ったダッシュボードの検討 | 062 |

レポート用途 ……………………………………………… 063
プレゼンテーション用途 ………………………………… 064
単発的な分析用途 ………………………………………… 064

| 1.4.2 | ダッシュボード全体の統一感 | 064 |

色 …………………………………………………………… 065
テキスト・ラベル ………………………………………… 065
組織での標準化 …………………………………………… 065

| 1.4.3 | 適切なレイアウト | 067 |

視線の流れ ………………………………………………… 067
サイズ ……………………………………………………… 069
配置 ………………………………………………………… 070

| 1.4.4 | ユーザー自身が見方を理解できる解説や誘導 | 073 |

操作説明と、操作を連想させるアイコン ……………… 073
ダッシュボードの説明と、説明を連想させるアイコン … 073
ダッシュボードの一覧ページ …………………………… 075
ダッシュボードの操作説明画面 ………………………… 075

| 1.4.5 | ユニバーサルデザイン | 079 |

年齢が高い方向け ………………………………………… 079
特殊な色覚をもつ方向け ………………………………… 080

2 パフォーマンス向上～スピードを上げる～

| 2.1 | パフォーマンスの基本コンセプト | 082 |

| 2.1.1 | パフォーマンスの基本原則 | 082 |

パフォーマンスの最適化における基本的な考え方 …… 082

| 2.1.2 | Tableau Desktopでの処理の流れとインストール環境 | 083 |

Tableau Desktopの処理の流れ ‥‥‥‥‥‥‥‥‥‥‥‥‥ 083

Tableau DesktopをインストールするPCの推奨ハードウェア ‥‥‥‥ 084

2.1.3 Tableau Server・Tableau Cloudでユーザーが考慮すること ‥‥ 084

キャッシュ ‥‥‥‥‥‥‥‥‥‥‥‥‥‥‥‥‥‥‥‥‥‥ 085

Tableau Serverで考慮すること ‥‥‥‥‥‥‥‥‥‥‥‥ 085

2.1.4 データソースで考慮すること ‥‥‥‥‥‥‥‥‥‥‥‥‥ 086

2.2 データの最適化 ‥‥‥‥‥‥‥‥‥‥‥‥‥‥‥‥‥‥‥‥‥ 087

2.2.1 データ接続のポイント ‥‥‥‥‥‥‥‥‥‥‥‥‥‥‥ 087

各データベース用のコネクターを使う ‥‥‥‥‥‥‥‥‥ 087

データを組み合わせたら抽出する ‥‥‥‥‥‥‥‥‥‥ 088

Tableau Prepでデータを用意しておく ‥‥‥‥‥‥‥‥ 089

ライブと抽出、日付の粒度など、データを使い分ける ‥‥‥‥ 089

カスタムSQLは速くも遅くもなる ‥‥‥‥‥‥‥‥‥‥ 089

2.2.2 抽出のテクニック ‥‥‥‥‥‥‥‥‥‥‥‥‥‥‥‥ 090

列数を減らす ‥‥‥‥‥‥‥‥‥‥‥‥‥‥‥‥‥‥ 090

行数を減らす ‥‥‥‥‥‥‥‥‥‥‥‥‥‥‥‥‥‥ 091

2.2.3 ブレンドで考慮すること ‥‥‥‥‥‥‥‥‥‥‥‥‥ 092

ブレンドは、リンクされたフィールドの値の数が多いと遅くなる ‥‥‥‥ 092

ブレンドではなくリレーションシップまたは結合ができるか検討する ‥‥ 092

2.3 フィールドの最適化 ‥‥‥‥‥‥‥‥‥‥‥‥‥‥‥‥‥‥ 093

2.3.1 データ型の最適化 ‥‥‥‥‥‥‥‥‥‥‥‥‥‥‥‥ 093

データ型はブール＞数値（整数＞小数）＞日付（日付＞日付と時刻）

＞＞文字列の順に速い ‥‥‥‥‥‥‥‥‥‥‥‥‥‥‥ 093

2択ならブール型と別名を使う ‥‥‥‥‥‥‥‥‥‥‥ 094

パラメーターをリストに分けるときは、

文字列でなくブールや整数を使う ‥‥‥‥‥‥‥‥‥‥ 095

文字列ではなく数値で計算する ‥‥‥‥‥‥‥‥‥‥‥ 096

2.3.2 計算フィールドの最適化 ‥‥‥‥‥‥‥‥‥‥‥‥‥ 097

ELSE IFではなくELSEIFを使う ‥‥‥‥‥‥‥‥‥‥‥ 097

冗長な式を書かない ･･････････････････････････････ 099
計算フィールドへの参照を減らす ･･･････････････････ 099

2.3.3 関数の最適化 ･･････････････････････････････ 100
COUNT関数で集計できるのならCOUNTD関数を使わない ･･･ 100
FIND関数ではなくCONTAINS関数を使う ･･････････････ 100
複雑な文字列処理は正規表現の使用を検討する ･･････････ 101
MIN関数やMAX関数で用が足りるのなら、ATTR関数を使わない ･･････ 102
MIN関数やMAX関数で用が足りるのなら、AVG関数を使わない ･･････ 103
YEAR関数やMONTH関数を複数個使うのなら、DATETRUNC、
DATEADD、DATEDIFF関数を使う ･･･････････････････ 103
詳細レベルの式（LOD式）と表計算は、
どちらもより速いこともより遅いこともある ･･･････････ 104
1つのビューで多くのLOD式や表計算を使わない ･･･････ 104
外部サービスへ式を渡すと遅くなる ･･･････････････････ 104
ユーザーフィルターは遅くなる ･･･････････････････････ 104

2.3.4 フィールド数は最小限に ･････････････････････ 104
複製する必要のないフィールドは複製しない ･･･････････ 105
必要のない計算フィールドを作らない ･･･････････････ 105
使わないフィールドをシェルフに入れない ･･･････････ 106

2.3.5 Tableauが用意した機能の活用 ･･････････････ 106

2.4 フィルターの最適化 ･････････････････････････ 107

2.4.1 フィルターの順序 ･･･････････････････････････ 107

2.4.2 フィルターシェルフに入れるフィルターの最適な活用 ･･･ 108
値の列挙を必要とするフィルターをビューに多数表示しない ･････ 108
除外を使わない ･･････････････････････････････････ 110
マーク数が多いときはビュー上で選択するフィルターではなく、
他のフィルターを検討する ･･･････････････････････････ 110
関連値のみを使わない ･････････････････････････････ 111
複数選択なら適用ボタンを入れる ･･･････････････････ 112

不連続ではなく連続にする ································· 112

日付フィルターは、相対日付＞日付の範囲＞＞不連続の順で速い 113

クロスデータソースフィルターを使わない ················· 114

フィルターの影響先を少なくする ······················ 114

2.4.3 アクションとパラメーターでの代用 ················ 114

2.5 デザインの最適化 ·· 117

2.5.1 ビジュアル表現で考慮すること ················· 117

マーク数を減らす ································· 117

多角形ではなく、円など1つの点で表す ··················· 118

複雑に作り込んだグラフは避ける ······················ 118

2.5.2 ワークブック内で実現可能なさまざまな削減 ······· 118

ワークブック内のシート、ダッシュボード、

データソースの数を減らす ·········· 118

ダッシュボード上のシートやオブジェクトの数を減らす ·········· 119

表示するタブ数を減らす ······················ 119

2.5.3 ダッシュボードにおける分析の流れ ·············· 119

フィルターアクションは「すべての値を除外」を活用する ·········· 119

大きな分類から詳細へ ························ 120

ダッシュボードのサイズは固定にする ··················· 121

ダッシュボードは複数に分ける ······················ 121

2.6 作業効率 ··· 122

2.6.1 作業時に対象とするデータの工夫 ··············· 122

2.6.2 データ確認の効率 ······················· 122

2.6.3 ビュー作成の効率 ······················· 123

「自動更新の一時停止」を使う ······················ 123

先にフィルターに入れてから操作する ··················· 124

右クリックでフィールドをドラッグする ··················· 124

[Ctrl] キーを押しながらドロップすると、

複製したフィールドを配置できる ·········· 124

簡単な計算はシェルフ上で書く ……………………………… 124

ショートカットキーを使う ……………………………………… 124

2.7 パフォーマンスのチェック ……………………………… 126

2.7.1 ワークブックオプティマイザー ………………………… 126

2.7.2 パフォーマンスの記録の使い方 ………………………… 127

2.7.3 パフォーマンスの記録で作成される結果の見方 ……… 127

3 計算フィールド、フィルター、 パラメーター、地図の活用

3.1 計算フィールドの活用 …………………………………… 130

3.1.1 計算フィールドの作り方 ………………………………… 130

計算フィールドの作成手順 …………………………………… 130

計算フィールドの構成要素 …………………………………… 132

計算フィールドのデータ型 …………………………………… 132

3.1.2 計算の種類 ………………………………………………… 133

行レベルの計算 ………………………………………………… 133

集計計算 ………………………………………………………… 134

3.1.3 関数の使用 ………………………………………………… 137

関数の調べ方 …………………………………………………… 137

関数の種類 ……………………………………………………… 139

3.2 フィルターの活用 …………………………………………… 140

3.2.1 フィルターの種類 ………………………………………… 140

抽出フィルター ………………………………………………… 140

データソースフィルター ……………………………………… 141

コンテキストフィルター ……………………………………… 142

ディメンションフィルターとメジャーフィルター ··············· 143

表計算フィルター ··············· 143

3.2.2 処理の順序を利用した計算 ① : コンテキストフィルター 146

上位Nの値を表示するにはコンテキストフィルターを活用 ··············· 146

3.2.3 処理の順序を利用した計算 ② : ディメンションフィルター 149

ディメンションフィルターの後に、表計算は実行される ··············· 149

FIXEDの後に、ディメンションフィルターは実行される ··············· 151

3.3 パラメーターの活用 ··············· 153

3.3.1 フィールドの計算に活用 ··············· 153

数値をフィールドの計算に活用：What-if分析 ··············· 153

文字列をフィールドの計算に活用 ··············· 156

3.3.2 フィールドの切り替えに活用 ··············· 159

メジャーを切り替える ··············· 159

ディメンションを切り替える ··············· 161

3.3.3 フィルター、セット、ビン、リファレンスラインに活用 ··············· 163

フィルターに利用 ··············· 163

セットに利用 ··············· 165

ヒストグラムのビンに利用 ··············· 167

リファレンスラインに利用 ··············· 169

3.3.4 ダッシュボード上のシートの切り替えに活用 ··············· 173

3.4 地図 ··············· 180

3.4.1 バックグラウンドレイヤーで地図の変更 ··············· 180

地図のスタイルの選択 ··············· 180

3.4.2 空間ファイルの使用 ··············· 182

3.4.3 空間ファイルと緯度・経度データの結合 ··············· 185

地理情報の補完が目的 ··············· 185

新たな数値情報を合わせることが目的 ··············· 188

3.4.4	画像上への描画	190
	点で描画：ディスプレイの傷の位置を表示	191
	面で描画：箱の面を表示	195
	座標を取得する	197

4 表計算とLOD表現

4.1 表計算 200

4.1.1 表計算とは 200
表計算を使用するときのポイント 200
表計算の区分と方向 202
表（下） 205
ペイン 206
セル 208
特定のディメンション 208

4.1.2 行数を返す関数 209
上からN番目までを表示 210
基準日からの変化を表示 212

4.1.3 N行前後の値を返す関数 214
単月の売上年別累計、前月、前年同月、前年比を表示 215
前の行にある値を参照 220

4.1.4 順位を返す関数 222
ランキングを表示 223
ランキング変化の再生 224
ランキングのパーセンタイルで分割 227

4.1.5 累積する関数 228
当月までの平均と最大と最小の値 229

過去最高記録の更新月を判別 ························· 230

4.1.6　集計する関数 ································· 232

年平均との差 ································· 234

全体の上位10%、上位30%、それ以外で色分け ·········· 236

4.1.7　ネストされた表計算 ·························· 238

月ごとの売上合計の累計で、地域別のランキングを表示 ········· 238

サブカテゴリの売上ランキングを前年のランキングと比較 ········ 240

4.1.8　表計算の結果をフィルター ···················· 243

前年比成長率を表示後、年でフィルター ·············· 243

地域のランキング表示後、地域でフィルター ·········· 245

4.2　LOD（詳細レベル）表現 ······················· 247

4.2.1　LOD表現とは ······························· 247

LOD式の書き方 ································· 249

LOD式の使い方の例：ビューよりも粒度を細かく計算する ··········· 249

LOD式の使い方の例：ビューよりも粒度を粗く計算する ··········· 251

LOD表現を使用するときのポイント ·············· 253

4.2.2　LOD表現とフィルターの処理の順序 ·············· 255

4.2.3　LOD表現の基本例 ························· 258

FIXEDの使用例 ································· 258

INCLUDEの使用例 ································· 260

EXCLUDEの使用例 ································· 261

4.2.4　LOD表現の使用例 ························· 262

利益の有無で顧客数を算出：LOD表現を含めた基本的な計算 ········· 262

購入回数別の顧客数を表示：
LOD表現をメジャーからディメンションへ ·········· 263

初回購入年ごとの売上割合を表示：LOD表現＋表計算 ········ 265

新規顧客と既存顧客の売上割合を表示：LOD表現＋表計算 ········ 266

新規累積顧客数の推移：LOD表現＋表計算 ·········· 267

日ごとの利益の分布を表示：LOD表現＋ビン ·········· 268

初回購入から再購入までの経過月数を表示：LOD表現の組み合わせ……… 270

RFM 分析：LOD 表現の組み合わせ ……………………………………… 272

全体に対する選択部分の表示：

フィルターがかかるタイミングを利用する ………………………… 274

4.2.5 表計算とLOD表現のポイント ……………… 276

5 複数データの組み合わせ

5.1 複数データの組み合わせ方法 ……………………………………… 280

5.1.1 結合、ブレンド、リレーションシップ、ユニオン ……… 280

5.1.2 結合とは ……………………………………………… 280

5.1.3 ブレンドとは ……………………………………… 281

5.1.4 リレーションシップとは ………………………… 282

5.1.5 ユニオンとは ……………………………………… 284

5.1.6 リレーションシップ、結合、ブレンドの選択 ……… 284

5.2 結合、ブレンド、リレーションシップ、ユニオンの使用例 ……… 286

5.2.1 リレーションシップ、結合、ブレンドの使用例 ……… 286

例1：売上、返品、関係者のデータから、返品率を表示 ……… 286

例1-1：リレーションシップで返品率を表示 ………………… 287

例1-2：結合で返品率を表示 …………………………………… 289

例2：売上と都道府県別の人口データから、

人口に対する顧客数割合を表示 ………………… 292

例2-1：リレーションシップで顧客数割合を表示 ………… 292

例2-2：ブレンドで顧客数割合を表示 ……………………… 294

例3：売上と予算のデータから、予実を表示 ………………… 297

例3-1：リレーションシップで予実を表示 ………………… 297

例3-2：ブレンドで予実を表示 ……………………………… 300

例4：売上のデータより、オーダーから出荷までの日数を算出（結合） …… 301

5.2.2 ユニオンの使用例 ……………………………………………………………… 305

6 アクション

6.1 アクションの基本 ………………………………………………………………………… 310

6.1.1 フィルター、ハイライト、URL、移動のアクション …………………… 310

6.1.2 アクションの活用例 ………………………………………………………… 311

ハイライトアクションを適用 …………………………………………………… 314

URLアクションを適用 …………………………………………………………… 316

同一のダッシュボード内でフィルターアクションを適用 …………………… 317

フィルターアクションで設定されたフィルターを
別のダッシュボードに反映 …………………………………………………… 318

別のダッシュボードにフィルターアクションを適用 ………………………… 319

移動アクションを適用して別のダッシュボードに移動 ……………………… 320

タイトルにフィルター条件を表示 ……………………………………………… 321

6.2 セットアクション …………………………………………………………………………… 327

6.2.1 セットアクションとパラメーターアクションの概要 ………………… 327

6.2.2 セットアクションとは ……………………………………………………… 328

6.2.3 セットアクションの使用例 ………………………………………………… 328

セットをIN/OUTのまま使用 …………………………………………………… 328

セットを計算フィールドに入れて使用 ………………………………………… 332

6.3 パラメーターアクション ………………………………………………………………… 336

6.3.1 パラメーターアクションとは ……………………………………………… 336

6.3.2 パラメーターアクションの使用例 ………………………………………… 336

数値のパラメーター値を変更 …………………………………………………… 337

016

文字列（フィールド）のパラメーター値を変更 ……………………………… 340

文字列（メジャーネーム）のパラメーター値を変更 …………………… 344

6.3.3 セットアクションとパラメーターアクションの比較 ……………… 349

索引…………………………………………………………………………………… 350

本書の使い方

本書の対象読者と必要なスキル、対応製品、構成について

　本書は、Tableauの基礎知識（用語や画面構成）や基本的な操作方法（データ接続、チャート・表・ダッシュボードの作成）を身につけている方を対象に、Tableauをより便利に使いこなして、日々の業務に生かすための内容を紹介しています。
　基礎知識や基本的な操作方法について知りたい方は、下記タイトルをご覧ください。

- 「Tableauによる最強・最速のデータ可視化テクニック 第3版 〜データ加工からダッシュボード作成まで〜」（翔泳社刊）

　本書の対応製品は、「Tableau Desktop」です。その他の製品を併用する際のポイントや注意事項については、本文中で簡単に述べています。なお、Tableau DesktopとTableau Server・Tableau CloudのWeb作成機能は、多くの操作が共通しています。
　本書では、各章や各節の冒頭でそこで説明する内容を紹介し、本文では目的の内容を実現するためのステップを丁寧に述べています。また、本文の補足事項として、次の内容を掲載しています。

- **MEMO** 知っていると便利なポイントなどを紹介しています。
- ⚠ 注意すべきポイントなどを紹介しています。
- **COLUMN** 本文の内容からは外れますが、覚えておくと役に立つ内容を紹介しています。

　各ピル（シェルフにドロップしたフィールド）は、連続・不連続を下表のように色分けして表示している場合があります。

連続のフィールド	緑色で表示
不連続のフィールド	青色で表示

本書の執筆環境と本書をご利用いただく際の注意事項

　本書は次の環境で執筆、動作検証をしています。ディスプレイの解像度はご利用の環境によって異なるため、本書の画面ショットの様子とお客様がご利用の環境の様子が異なって見える場合がございます。あらかじめご了承ください。

＜著者の執筆、動作検証環境＞
・Windows 11 Home
・Tableau Desktop 2024.1

　また、次の環境でも動作検証を行い、動作することを確認しています。

＜動作検証環境＞
・Windows 11 Home ／ Windows 10 pro ／ macOS Sonoma（14.6）
・Tableau Desktop 2024.2

　Tableauは日々アップデートされる製品です。本書は本書執筆時点の内容に基づいているため、本書に記載した内容は、お客様が本書を利用される際には異なっている場合がございます。あらかじめご了承ください。

本書の画面ショット、キー操作について

　本書の画面ショットやキー操作は原則としてWindowsのものです。WindowsとmacOSでキー操作が異なる箇所については、macOSについてもできるだけ言及するようにしておりますが、紙面の都合上、割愛している部分もございます。macOSをご利用のお客様は下表を参考に必要に応じて読み替えてください。

Windows	[Ctrl] キーを押しながらクリック	macOS	[Command] キーを押しながらクリック
Windows	右クリックしながらドラッグ／ドロップ	macOS	[Option] キーを押しながらドラッグ／ドロップ

本書で使用するデータについて

　本書では、主に以下に述べる「サンプル - スーパーストア.xls」と「付属データ」のデータを使って操作解説を行っています。データを特に指定せずに説明している場合もございます。

■ サンプル - スーパーストア.xls

　本書では、作図や作表する際、多くの章でTableau Desktopのインストール時に含まれるExcelファイル「サンプル - スーパーストア.xls」という小売店の「注文」のデータを使っています。下記の情報を参考に、データ接続して使用してください。

¥マイ Tableau リポジトリ¥データ ソース¥＜バージョン番号＞¥ja_JP-Japan¥サンプル - スーパーストア.xls
※「マイ Tableauリポジトリ」フォルダーは、Windowsでは［ドキュメント］配下、macOSでは［書類］配下に生成されています。

　なお、本書執筆時点でTableau Desktopに同梱されている「注文」のデータは、「オーダー日」が2021年から2024年の4年間になっています。ご利用のバージョンによってはこの期間が

2020年から2023年などとなっていて、本書のものとは異なります。しかし、日付が違うだけでデータの値は同じです。ご利用環境の「注文」のデータの期間が異なる場合は、「何年目のデータなのか」に注目して適宜読み替えてください。

付属データ

Chapter3、Chapter4、Chapter5では本書の「付属データ」を使用して説明している箇所があります。「付属データ」は翔泳社のWebサイトからダウンロードしてご利用いただけます。ダウンロード方法については、後述の「付属データのご案内」をご覧ください。

作成したチャートなどの完成図について

本書では、本書の手順に沿って作成したチャートなどを収録したデータは提供しておりません。作成したチャートなどの完成図は、次のTableau Publicで公開しています。

```
https://public.tableau.com/app/profile/nanae.matsushima
```

付属データのご案内

付属データは、以下のサイトからダウンロードして入手いただけます。

https://www.shoeisha.co.jp/book/download/9784798184371

※付属データのファイルは圧縮されています。ご利用の際は、必ずご利用のマシンの任意の場所に解凍してください。

◆注意
※付属データの提供は予告なく終了することがあります。あらかじめご了承ください。
※図書館利用者の方もダウンロード可能です。

◆免責事項
※付属データの記載内容は、2024年9月現在の法令等に基づいています。
※付属データに記載されたURL等は予告なく変更される場合があります。
※付属データの提供にあたっては正確な記述につとめましたが、著者や出版社などのいずれも、その内容に対してなんらかの保証をするものではなく、内容やサンプルに基づくいかなる運用結果に関してもいっさいの責任を負いません。
※付属データに記載されている会社名、製品名はそれぞれ各社の商標および登録商標です。
※本書では、™、©、®は割愛させていただいております。
※本書の執筆環境と付属データの動作確認については、「本書の使い方」をご覧ください。その他の環境やご利用のPCによっては、記載どおりに動作しないことがあります。

会員特典データのご案内

　本書では、紙面の都合上、書籍本体の中では紹介しきれなかった内容を追加コンテンツとしてPDFファイルで提供しています。

　会員特典データは、以下のサイトからダウンロードして入手いただけます。

https://www.shoeisha.co.jp/book/present/9784798184371

※会員特典データのファイルは圧縮されています。ご利用の際は、必ずご利用のマシンの任意の場所に解凍してください。

◆注意

※会員特典データのダウンロードには、SHOEISHA iD（翔泳社が運営する無料の会員制度）への会員登録が必要です。詳しくは、Webサイトをご覧ください。
※会員特典データに関する権利は著者および株式会社翔泳社が所有しています。許可なく配布したり、Webサイトに転載することはできません。
※会員特典データの提供は予告なく終了することがあります。あらかじめご了承ください。
※図書館利用者の方もダウンロード可能です。

◆免責事項

※会員特典データの記載内容は、2024年9月現在の法令等に基づいています。
※会員特典データに記載されたURL等は予告なく変更される場合があります。
※会員特典データの提供にあたっては正確な記述につとめましたが、著者や出版社などのいずれも、その内容に対してなんらかの保証をするものではなく、内容やサンプルに基づくいかなる運用結果に関してもいっさいの責任を負いません。
※会員特典データに記載されている会社名、製品名はそれぞれ各社の商標および登録商標です。
※本書では、™、©、®は割愛させていただいております。
※本書の執筆環境と付属データの動作確認については、「本書の使い方」をご覧ください。その他の環境やご利用のPCによっては、記載どおりに動作しないことがあります。

効果的な
ビジュアル表現

ビジネスの世界で効果的なビジュアル表現に求められるものは、センスではなく知識と慣れです。

可視化は単に「可視化すればよい」というものではなく、効果的に魅せることが重要です。人間が負荷を感じずに受け入れられるビジュアル要素を取り入れることで、情報の伝達量が増加し、成果物の印象も向上します。その結果、継続的に閲覧しようとする人が増えれば、データを基にした意思決定を行う組織文化の成長と成熟につながります。

本章で、効果的なビジュアル分析のルールを身につけていきましょう。

ビジュアル分析を始める前に

数字や文字の羅列を整理したビジュアルで表現すると、データの中身を簡潔に伝えることができます。よりわかりやすく伝えるために重要なことは、シンプルにまとめることと、対象者と伝えるべき内容を明確にすることです。この2点は誰もが理解しているようでいて、見失いがちなことです。ビジネスで扱うすべてのビジュアル分析に必要不可欠な観点なので、しっかりと心に留めておきましょう。

1.1.1 ビジュアル分析の基本

　ビジュアル分析とは、人間の視覚能力を活用したデータ表現方法の1つです。データをビジュアル化することで、数字や文字だけの情報と比べて閲覧者により強いインパクトを与えることができます。この効果は、「脳に送られる情報の90%はビジュアル情報が占める」、「ビジュアル情報の処理は文字情報より60000倍速い」、「SNSでは画像や動画付きの投稿のほうが反応率が高い」など、多くの調査結果によって裏付けられています。

　古来、ビジュアル情報を活用してきた人間は、その処理を得意としています。そのため、ビジュアル分析を効果的に活用することで、効率的に情報を伝えることができるのです。

■ 優れたビジュアル分析が備える3つの観点：データ、有用性、見やすさ

　ビジネスで使う優れたビジュアル分析とは、次の3点を満たすものです。

・正確な「データ」を使用していること
・価値のある「有用」な情報であること
・すぐにわかる「見やすい」デザインであること

　「見やすさ」は特定のルールに基づいて作成することができますので、本書で学んでいきましょう。

図1.1.1　優れたビジュアル分析が備える3つの観点

■ 優れたビジュアル表現で意識すべき3つのポイント：シンプル、わかりやすい、正しく伝わる

　シンプルで、わかりやすく、正しく伝わるという3つのポイントを満たすように、ビジュアル表現を作ることが重要です。この3つのポイントを備えた表現であれば、情報を受け取る側、つまり閲覧者は簡単に理解でき、データに集中しやすくなります。一方で、不明瞭であったり、煩雑であったり、選択肢が多過ぎると、閲覧者は負荷を感じて見るのをやめてしまう可能性があります。情報量を増やしても理解度が向上するとは限りません。情報は必要最小限にまとめて、的確に表現することが大切です。その際、色や配置などの要素も重要な役割を果たします。

図1.1.2　優れたビジュアル表現で意識すべき3つのポイント

ここで、図1.1.3をご覧ください。左側の図と右側の図が示しているのは、実は同じ情報です。しかし、右側の図のほうが、より「見る」気になりませんか？ 図1.1.2の3つのポイントを押さえて、左側の図を改良したものです。シンプル、わかりやすい、正しく伝わるという3点を満たすために重要なのは、「作成物から不要なものを削る」というよりも、「必要なものだけを加えて作成する」という考え方です。

図1.1.3　同じ情報量でも受け手の印象は全く違う

1.1.2 対象や目的の明確化

　ビジュアル分析を行う前には必ず、「誰が見るのか」、「何を知りたいのか」、「各ダッシュボードで何を示すのか」ということを明確にします。これが定まらないうちに進んでしまうと、独りよがりの成果物ができ上がります。ユーザー（見る人）の満足度は上がらず、場合によっては見てもらえなくなってしまいます。

　ここでは、「誰が見るのか」、「何を知りたいのか」、「各ダッシュボードで何を示すのか」という点に留意したダッシュボードの作成手順を示します。今後の参考にしてください。

❶ 対象ユーザーを確認します。ユーザーの立場に立って設計することが大事です。

❷ ユーザーが知りたいことを把握します。異なる意見がある場合は、意思決定者に焦点を合わせることをおすすめします。ユーザーと会話が難しい場合は、最も重要な人物像や典型的なユーザー像を想定します。これによりユーザー視点の精度が高まり、作成者とユーザーの認識の違いを防ぐことができます。

❸ 作成するダッシュボードのゴールを決めます。❷でさまざまなニーズが挙がった場合は、トピックや目的別にダッシュボードを分割することを検討します。ユーザーのリクエストをそのまま再現するのではなく、ユーザーが知りたいことを最適な形で提供することを目指しましょう。さらに、適切なダッシュボードのタイプ（1.4.1参照）を検討します。

❹ さまざまな角度からビジュアル分析を行います。データを探索し、試行錯誤を繰り返して、よりわかりやすい見せ方やインサイトの出るチャートを発見します。

❺ ❸で決めたゴールを満たすダッシュボードを実現します。アクション機能を活用し、シートの組み合わせを調整してインサイトを得られる見方を発見していきます。同時に、ユーザーの思考の流れを考慮し、解釈しやすくなるように整理します。

❻ ❺に対しユーザーからフィードバックを受け取り、必要に応じてダッシュボードを修正します。時が経つにつれてユーザーの視点も変化するため、定期的な改善が重要です。

図1.1.4　ダッシュボードの作成手順

　ビジュアル分析は、完璧を目指すといつまでたっても終わりません。完成に近づくほど仕上げるのに時間がかかるので、8割程度で満足するのが適切かもしれません。

　Tableauのテクニックやデザインの自由度を習得するほど、凝った成果物を作りたくなるものです。しかし、そのフェーズを越えると、誰もがシンプルを極める方向に向かうようです。

　スキルアップをしつつもスキル習得の初期段階から、有用なものを、シンプルに、わかりやすく表現することを心がけましょう。

最適なチャートの選定

データを見やすく表現するには、無意識のうちに認識できるビジュアル要素を利用することが重要です。つまり、「考える」というプロセスを挟まないようにします。情報が容易に脳に届けば、理解するのに労力は必要ありません。この視点を重視しながら目的に合ったグラフを選定すれば、理解しやすく表現できるでしょう。その逆に、認識に時間がかかる表現や誤解を招きやすい表現は、避けるべきです。

1.2.1 人間が無意識に捉えられるビジュアル要素

　人間が受け取った情報をどのように処理して物事を認識するのか、脳の仕組みを確認しましょう。

　人間は、外界から入った視覚情報を無意識のうちに検出し、感覚記憶で最大1秒間記憶します。その中から注意を向けた情報を一つずつ短期記憶に送り、最大1分間保持します。短期記憶に保持できるのは7つ程度ですが、複合された短期記憶を基に理解や判断といった認知活動が行われます。

　たとえば、感覚記憶に入ったすべての情報から短期記憶に「増加している」「青が大きい」「外れ値がある」と送られると、認知活動で「増加した理由は青のカテゴリが影響しており、特に外れ値のデータが押し上げている」といったように情報を組み合わせて理解していきます。

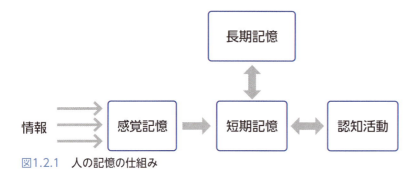

図1.2.1　人の記憶の仕組み

■ わかりやすい視覚の要素のみを少数活用

　この記憶や認知の仕組みから、感覚記憶から短期記憶に送りやすいよう、ビジュアル表現は簡単に読み取れるデザインにすべきです。さらに、短期記憶で得た複数の気づきを組み合わせた高度な認知活動ができるよう、伝えたい要素をわかりやすく、かつ少数に絞って取り入れることが有効だといえます。

　では、この脳の仕組みを、ビジュアル表現で体感してみましょう。図1.2.2にある3つの図に、赤の「O」がいくつあるか、数えてください。

　左の図は1つだけ色が違うので、すぐに認識できます。中央の図は数が増えて色が異なるマークを探せばいいので、「O」をすぐに数えられます。右の図は、赤のマークには形が異なる2種類のマークが混在しているため、一つずつよく注意しないと認識できず、処理速度が一気に落ちます。

　このように要素数が少ないほど、認知は速くなります。また、この例で、「形」よりも「色」のほうが認識しやすい、ということがおわかりいただけると思います。わかりやすい要素のみを少数取り入れることで、効果的に表現することができます。

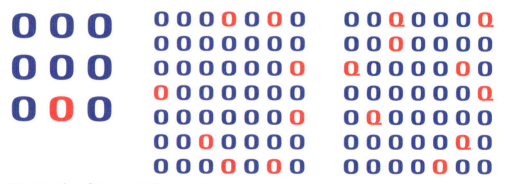

図1.2.2　赤の「O」はそれぞれいくつ？

■ 認識しやすいグラフ：「位置」や「長さ」で表す棒グラフ、折れ線グラフ、散布図

　図1.2.3では、一目で認識しやすい順序で視覚の要素とグラフ例を並べています。

　視覚の要素「位置」や「長さ」を使った、棒グラフ、折れ線グラフ、散布図等が最も認識しやすいです。円グラフは人気がありますが、人間は「角度」の認識があまり得意ではありません。棒グラフ等で代用するほうがわかりやすいといえます。「色」、「サイズ」、「形状」は、メインの要素として使うより、グラフの追加情報や補助的な役割として使うほうが適しています。

　ただし、すぐに認識しやすい視覚の要素とそれに対応する認識しやすいグラフは、表現方法やデータの内容、見る人によって異なります。

図1.2.3　人間が認識しやすいグラフ表現

1.2.2 目的に合った実用的なチャート

　グラフで何を表現したいかによって、使うべきチャートが決まります。Tableauは表現の自由度が高いので、作れるチャートの種類は数えきれません。しかし、実際のビジネスで使用されるグラフの用途や目的は限られており、その目的によって適切なチャートは自然と決まります。
　表1.2.1は、目的と適するチャートの対応表です。ここでは、目的別に一つ一つ見ていきます。

表1.2.1　目的とチャートの代表的な組み合わせ

大きさの比較	棒グラフ
時間推移	折れ線グラフ
割合や構成比	100%積み上げ棒グラフ、ツリーマップ
2つの変数の関係性	散布図
分布やばらつき	ヒストグラム、箱ひげ図
地図分析	各種マップ
値の表示	テキスト、クロス集計、ハイライト表

■ 大きさの比較：棒グラフ

　値の大小を比較するには、棒グラフが適しています。値の比較はさまざまな場面で頻繁に行われるため、棒グラフは最も使用頻度の高いチャートだといえます。値の順番に意味がない場合は、降順や昇順で並べ替えることで、上位の値の大きさを比較したり、順位を把握したりすることができます。
　実績を目標値と比べるなど参考値との比較を行う場合は、棒グラフの一種であるブレットチャートやBar in Barチャートを使うのが効果的です。これらのチャートでは1本の棒の領域内で参考値との比較ができるため、見やすく、わかりやすくまとめることができます。

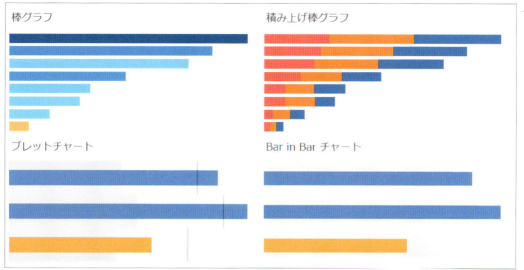

図1.2.4 値の比較には棒グラフが適している

■ 時間推移：折れ線グラフ

　時系列のデータで推移や増減を把握するには、折れ線グラフが適しています。折れ線グラフで可視化することで、たとえば季節的な変動パターンを発見できる場合があります。
　在庫量や手数料などあるタイミングで突然変化する対象には、ステップチャートが適しています。2点間の比較だけでよい場合はスロープチャートを使用すると、角度で増減を判断できます。ランキング推移を表現するにはバンプチャートなど、折れ線グラフの派生形もあります。

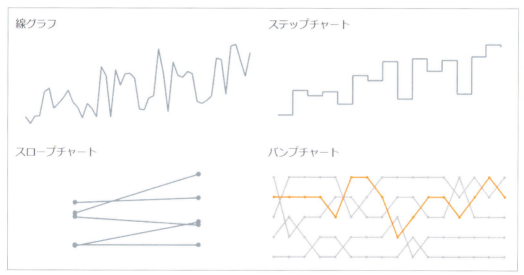

図1.2.5 時系列のデータを表現するには折れ線グラフが適している

■ 割合や構成比：100%積み上げ棒グラフとツリーマップ

　全体に対する割合や構成比を知りたい場合には、100%積み上げ棒グラフが適しています。棒の長さで割合を表すため、全体に対する各部分の大きさが把握しやすくなります。上位のいくつかの値について把握できれば十分な場合は、面積の大きさを利用するツリーマップも有用です。ツリーマップは大小の比較や2位以降の順位が把握しづらいですが、値の数が多い場合には小さい値を目立たせずに全体を表示できるというメリットがあります。

　分割する数が4つ以下の場合に割合を表すには、馴染み深い円グラフを使用してもよいでしょう。累計と累計構成比を把握するにはパレート図が適しており、値の差異を積み上げながら数値を把握するには滝グラフが有効です。

　このように、用途に応じて適切なグラフを使い分けることが大切です。

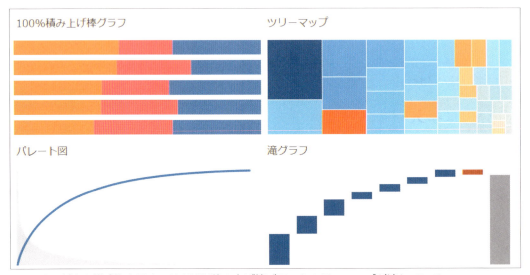

図1.2.6　割合や構成比を示すには100%積み上げ棒グラフとツリーマップが適している

■ 2つの変数の関係性：散布図

　2つの変数間の関係性を見るには、散布図が適しています。散布図を使うことで、データの分布の傾向、集中度合い、外れ値を把握することができます。さらに、円の大きさとして別の変数を加えることで、バブルチャートとしても表現できます。

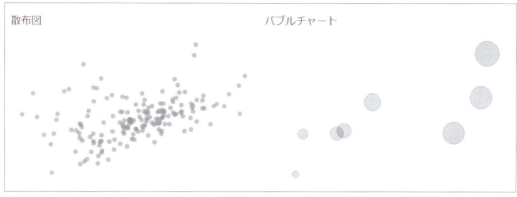

図1.2.7　2つのフィールド間（変数間）の関係性を見るには散布図が適している

■ 分布やばらつき：ヒストグラムと箱ひげ図

　分布やばらつきの傾向を把握するには、ヒストグラムと箱ひげ図が適しています。ヒストグラムは、分布を山の形で確認できます。たとえば、グラフ内に2つの山ができていれば、異なる2つの要因が影響している可能性があると予想できます。箱ひげ図は、中央値や全体の半数が存在するボリュームゾーン、外れ値の把握が容易であるという特徴があります。

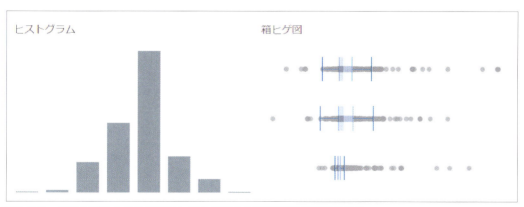

図1.2.8　分布やばらつきの傾向はヒストグラムと箱ひげ図で把握できる

■ 地図分析：マップ

　地理的な関係性を考慮した分析を行いたい場合は、マップ（地図）の表現が適しています。表現したい内容やデータの特性に応じて、適切な地図の種類を選択します。表示する地点数が多い場合、その密集度を表現するには密度マップが有効です。また、ある2地点を結ぶ場合はパスマップを利用するのが効果的です。

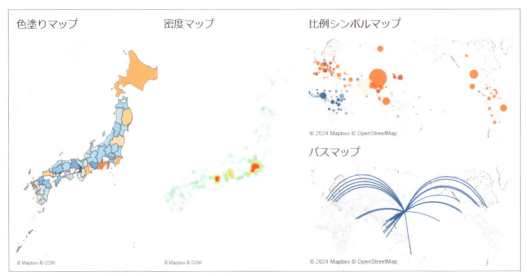

図1.2.9　地理的な特徴を表すにはマップを利用する

■ 値の表示：テキストやハイライト表など

　グラフは状況の把握に優れていますが、正確な値を把握する場合には、グラフではなく数字で表示することも必要です。

　業績を評価する指標など、重要な数字を一目で把握できるように見せるには、大きな数字で表示します。また、特定の値を確認したい場合、詳細な値を一覧表示する集計表を使用します。たとえば「2月のAの利益率」などの情報を知りたいときに有用です。集計表では、数字を羅列するクロス集計に加えて、値の大きさに応じて背景の色を変化させるハイライト表を使用すると、大小の判断がより容易になります。また、背景に棒グラフを加えることで、棒の長さで直感的に値を比較することができます。

　これらの集計表は大き過ぎると見づらくなるので、大まかな区分でまとめたり、フィルターを適用したりして、小さな集計表にすることが重要です。

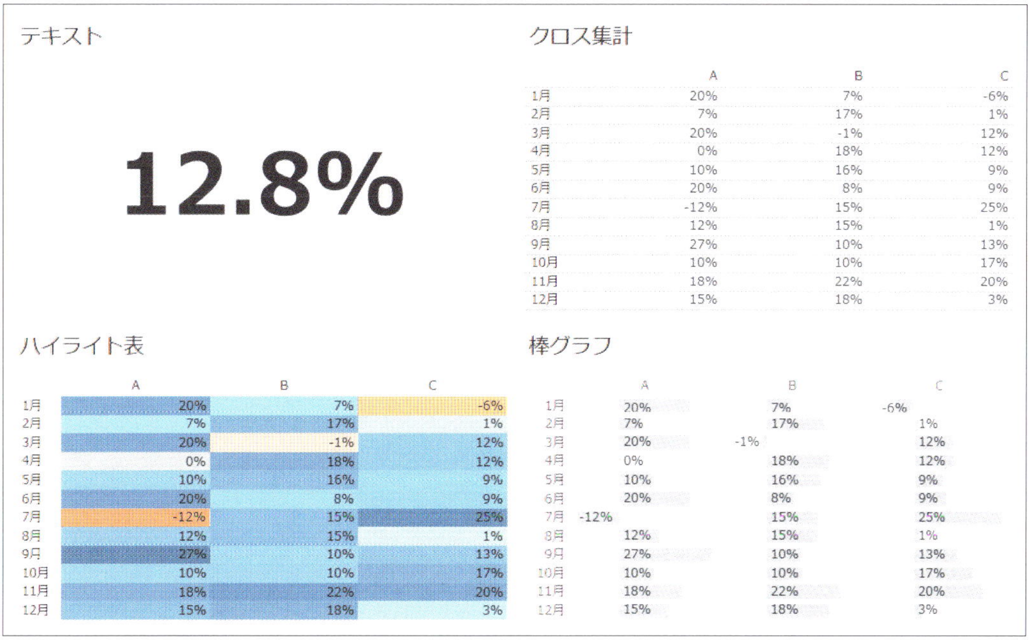

図1.2.10　値を効果的に見せるには工夫して数字を表示する

■ 目的や業界・業種で普及している表現

その他にも、特定の目的や、業界・業種に特化したグラフがある場合は、それらを活用します。たとえば、開始と終了の時間の可視化にはガントチャート、マーケティング業界ではファネルチャート、金融業界ではボリンジャーバンドなど、特定の分野で使われる表現は数多く存在します。

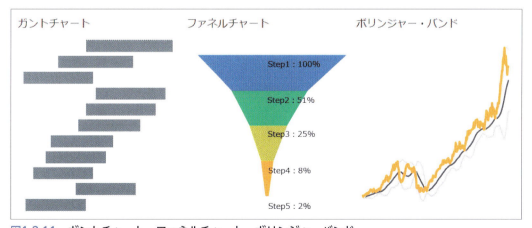

図1.2.11　ガントチャート、ファネルチャート、ボリンジャーバンド

1.2.3 より適切なグラフ表現

実は、グラフにはそれぞれ「避けるべき」表現があります。これらの表現はミスリードの要因にもなるので、これまであまり意識したことがない方は、ここでしっかりと学んでおきましょう。

■ 棒グラフの軸はゼロから開始

棒グラフのルールとして、軸は必ずゼロから開始し、軸を途中で省略してはいけません。棒の長さで大きさを把握しているからです。軸が省略されると、人間は長さの把握が得意なだけに、誤った理解をしてしまう可能性があります。

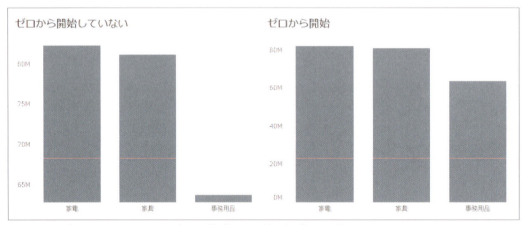

図1.2.12　左はやってはいけない表現。棒グラフの軸は必ず0から始める

■ 折れ線グラフの軸はゼロから開始しなくてもいいが、余白に注意

折れ線グラフは、必ずしも軸をゼロから開始する必要はありません。折れ線グラフは、増減の傾向や周期変動を把握することが目的だからです。データの変動が少なくて変化が見づらい場合は、軸の表示をデータが存在する部分だけに限定することで、変化が見やすくなります。ただし、その際にビュー全体に線が広がるように表示すると、変化が強調され過ぎて小さな変化まで誇張されてしまう可能性があります。目安としては、軸の2/3程度にデータが収まるように設定し、余裕をもたせることが望ましいでしょう。

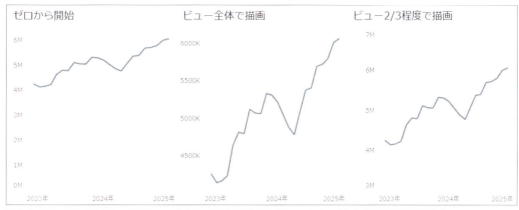

図1.2.13 折れ線グラフはビュー全体に線が広がり過ぎないよう、軸の表示範囲を調整する

■ 円グラフではなく、棒グラフを検討する

　内訳の大きさを表現する際は、円グラフよりも棒グラフを使用したほうがわかりやすいことが多いです。なぜなら、人間は角度よりも長さの比較を得意としているからです。棒グラフを使用すれば、大きさの比較が容易になり、値の数が多くても表現しやすくなります。また、上位の値については、順位も把握できます。さらに、色による印象の影響を避けることができ、平均線などの追加情報も入れられるというメリットがあります。

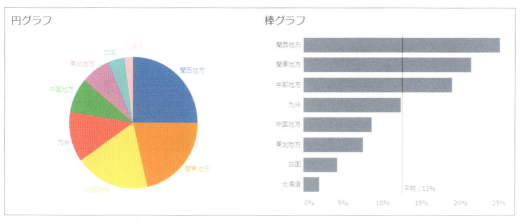

図1.2.14 円グラフは棒グラフで表現することを検討しよう

■ 時系列推移の把握には折れ線グラフ、大きさの比較には棒グラフ

　時系列の推移を把握したい場合は、棒グラフよりも折れ線グラフが適しています。折れ線グラフは連続的に線で結んで上下変動を表現するため、増減の把握に向いているからです。軸をゼロから開始せずに、データにズームして見られることも、変化を把握するのに役立ちます。

　一方、1月と2月の値の比較をするような場合は、2者の大きさの比較になるので、棒グラフが適しています。

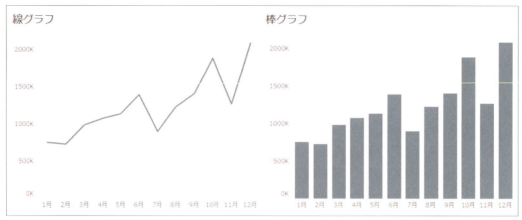

図1.2.15　時系列の表現は線グラフと棒グラフを用途と目的で使い分ける

■ 地理的関係性の把握にはマップ、大きさの比較には棒グラフ

　地理的な傾向を把握したいときはマップの表現が適していますが、各場所の値の大きさを比較するには棒グラフが適しています。たとえば、「災害発生地点周辺の業績はどうか」や「配送拠点の周辺の利益率は高いか」を知りたいときはマップが向きますが、「最も売上が高い都道府県はどこか」や「赤字額ワースト3の支店」を知りたいときは、棒グラフのほうが適しています。目的に合わせて最適な表現方法を選択することが重要です。

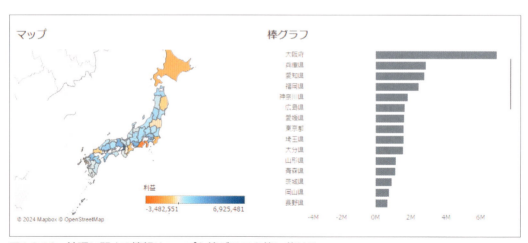

図1.2.16　地理に関する情報はマップと棒グラフを使い分ける

Section 1.3 デザイン要素の効果的な活用

利用するグラフが決まったら、そのグラフに取り入れるデザイン要素を考えます。デザイン要素は、必要最小限に抑えて、棒や線などのグラフの要素そのものでわかりやすく表現していきます。**デザイン要素**とは、具体的には、色、サイズ、ラベル、形状、ツールヒントなどのマークカードに関する要素や、フォント、配置、網掛け、枠線、凡例などのグラフの補助的な要素のことをいいます。

1.3.1 デザイン要素を取り入れるときの基本的な考え方

　わかりやすいグラフは、グラフそのものがシンプルに強調されています。たとえば、棒グラフなら棒、折れ線グラフなら線を際立たせる工夫が施されています。言い換えると、不要なデザイン要素を排除し、必要なデザイン要素のみを取り入れているのです。

　そのため、デフォルトのチャートに含まれるデザイン要素から、不要な要素を削除したくなることがあります。ここでは、デザイン要素が過剰に含まれたグラフを例にして、具体的なブラッシュアップの方法を見ていきましょう。

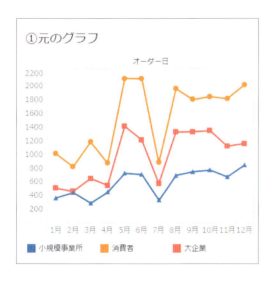

❶ 左のグラフにはさまざまなデザイン要素が混在しています。特に、グラフ上に複数の線が存在する場合、各マークに形状を付与したいと考えるかもしれません。

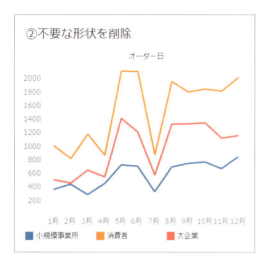

❷ しかし、この例では形状に意味がなく、形状がなくても識別できます。よって、形状を削除します。

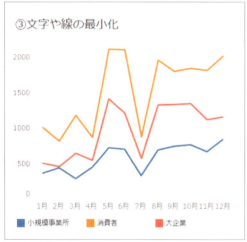

❸ さらに、軸の目盛りを「自動」から細か過ぎない間隔に変更します。大まかに傾向を把握するには背景のグリッド線は不要です。また、上部のフィールドラベルも不要なので、削除します。

❹ 値の名前をグラフ上に表示し、文字の色を線の色に合わせると、凡例と照合する手間がなくなります。これにより、グラフをスムーズに理解できるようになります。

「煩雑さを削除し、すぐに理解できる、シンプルなグラフにする」ということが基本的な考え方です。次の項目からは、デザイン要素ごとに注意するポイントをまとめます。

1.3.2 色

色はインパクトが大きいデザイン要素なので、良い効果を与えられるように、また意図しない効果を与えないように、注意して使う必要があります。

■ 色の選定

最初に、色の基礎知識を押さえましょう。

一般的に、色には「色相」「明度」「彩度」という3つの属性があります。色相は、赤や青などの色の違いを指します。明度は高いほど白に近づき、低いほど黒に近づく、色の明るさを示します。彩度は高いほど色が鮮やかで、低いほど無彩色の白や灰色、黒に近づく、色の鮮やかさを表します。

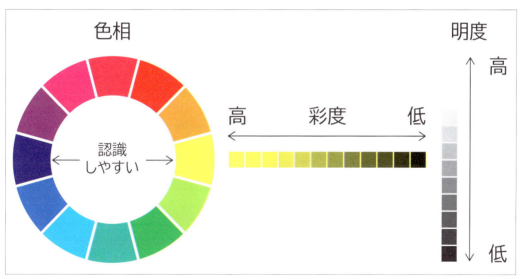

図1.3.1　色の属性

色相には、人間が自然と感じるイメージがあります。たとえば、赤は危険を、黄色は注意を、青や緑は安全をイメージさせることがあります。また、業績と結び付けると赤は赤字で黒は黒字、感情では赤は情熱で青は冷静など、色に対する一般的なイメージが存在します。チャート作成時は、これらの一般的な色のイメージに合わせることで、読み手の理解を促進させることができます。ポジティブな状況を表す色や目立たせる色に、コーポレートカラー（組織イメージを象徴する色で、ロゴに使用することが多い）を用いるのも受け入れられやすくなります。意味のあるイメー

ジを与えたくないときは、色に特別な意味のないグレーを使うことをおすすめします。

　明度や彩度の違いによっても、色の与える印象が変わります。明度が低いと重厚な印象になり、高いと柔らかい印象になります。一方、彩度が高いと強さを感じさせ、低いと落ち着きのある印象になります。明度や彩度は、高過ぎると目の負担になるので注意が必要です。

■ 使用する色は最大4色まで

　複数の色を使用する際は、1つの画面に使う色数を多くとも4色に抑えることで、見やすさと統一感が出ます。色数を3色に抑えれば、色による煩雑さを与えることはなくなるでしょう。一般的に、人間が瞬時に識別できるのは4色だといわれています。もう少し時間をかけても、人間が認識できるのは7色程度です。無限の色から成る虹を7色と感じるのはそのためです。したがって、7色を超える色数を使うことは避けましょう。

　Tableauでは、メジャーを色で分ける際にグラデーションのパレットを使用しますが、パレットは最大2つに抑えることが望ましいです。図1.3.2の例では、右の図は1つのパレットのみを使用し、色は青、グレー、オレンジの3色のみが使われています。一方、左側の図では3つのパレットを使用し、多くの色が使われています。右側の図のほうが見やすく、色による統一感を演出できています。

図1.3.2　色の数を抑えるだけで統一感を演出できる

■ 色で分けたいときの解決例

　1つのグラフを多くの色で分けたい場合に見やすいグラフに整えるアイデアを、ここでは折れ線グラフと棒グラフの例で紹介します。

　図1.3.3の左上にある折れ線グラフの代替案を考えてみましょう。右上の図は、知りたい値があ

るとき、他の値を目立たない色にすることで目的を実現する方法です。左下の図は、知りたい値以外は分けて見る必要はなく、参考値として「その他」としてまとめたものです。右下の図は、それぞれの値の推移が知りたい場合に、グラフを分けたものです。ここでは地域ごとの平均を入れ、1対1で比較できるようにしています。また、フィルターで表示数を減らすことも有効です。

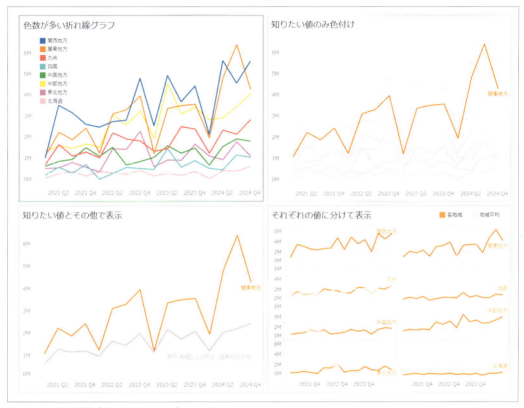

図1.3.3　折れ線グラフの表現のバリエーション

　次に、図1.3.4の上部にある積み上げ棒グラフの代替案を考えます。積み上げ棒グラフは、全体の値の大きさとそれぞれの値の大きさを把握することが目的ですが、値の数が多いとそれぞれの傾向が読み取れません。下の図では、選択した値とそれ以外の2つに分けた場合の大きさ、割合、推移を例示しています。伝えたい情報をより明確に表現できるグラフを使い分けて、必要に応じてグラフを複数に分割することがポイントです。

図1.3.4　積み上げ棒グラフを分ける値の数が多いときは、値の数の削減やグラフの分割を検討する

■ 色の組み合わせ例

　複数の色相を使うときの工夫を紹介しましょう。

　図1.3.1で表す色相の輪の向かい側にある色同士は、識別しやすい組み合わせです。オレンジと青、ピンクと緑などがその例です。色が強過ぎる場合は、あえて向かい側の色の左右にある色を選択するのも効果的です。

　ここでは、具体的な色の組み合わせ例をダッシュボードで5つ、紹介します。組み合わせ方に正解はなく、良いとされる表現はそのチャートやダッシュボードによって異なりますが、参考にしてみてください。

　1つ目は、「目立たせたいデータには鮮やかな色を使い、それ以外のデータには控えめな色を使う」という組み合わせ方です。競合他社と比較した自社の業績や、目標金額を達成した店舗のみに色を付けるなど、重要なデータに色を付けるような活用ができます。

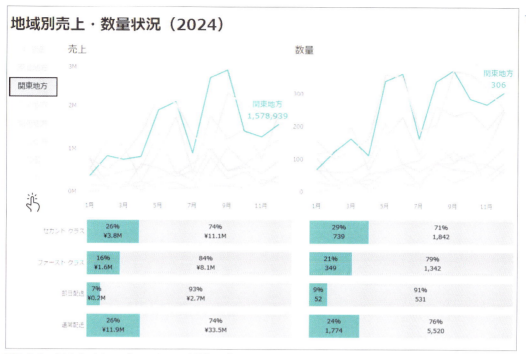

図1.3.5 目立たせたいデータとそれ以外のデータの色の組み合わせ例

　2つ目は、分類ごとに色をそろえるという色の組み合わせ方です。各分類の色は、明度と彩度が同じ程度になるように調整します。この手法は分類数が少ないときに有効です。

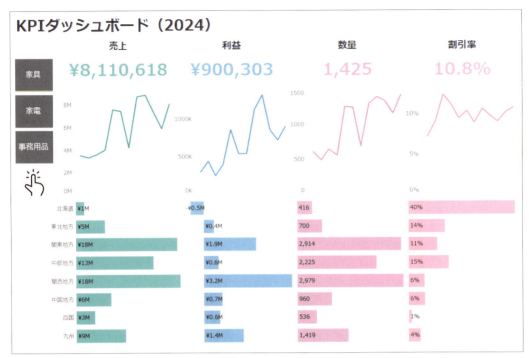

図1.3.6　分類ごとに並列させて色を変えた例

　3つ目と4つ目は、あるメジャーやディメンションについてまとめる場合です。対象とするメジャーとディメンションに、すべてのシートで同じ色を付与します。それ以外は色に意味がないグレーでまとめると、見るべきデータに集中できます。

　図1.3.7のメジャーの例は、利益率だけに共通の色を与え、他はグレーにしています。図1.3.8のディメンションの例は、カテゴリの値ごとに色を与えています。

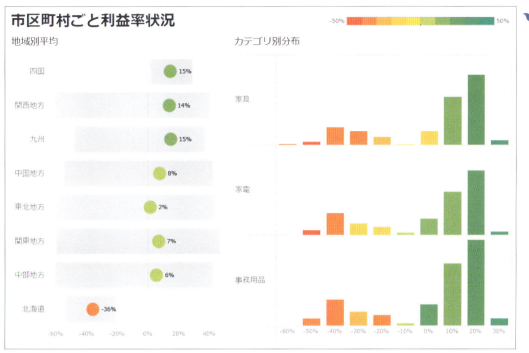

図1.3.7 メジャーで色をまとめた例

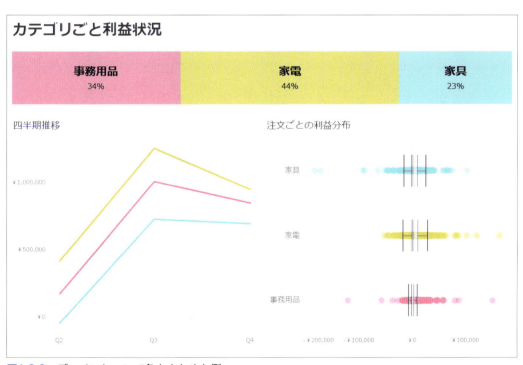

図1.3.8 ディメンションで色をまとめた例

5つ目は、注目すべきマークや線にだけ色を付けて、他は色に意味のないグレーにした例です。図1.3.9に示したのは「しきい値を超えるのは良くない」という例なので、一般的にネガティブな印象の赤を使うことで直観的な理解を促しています。

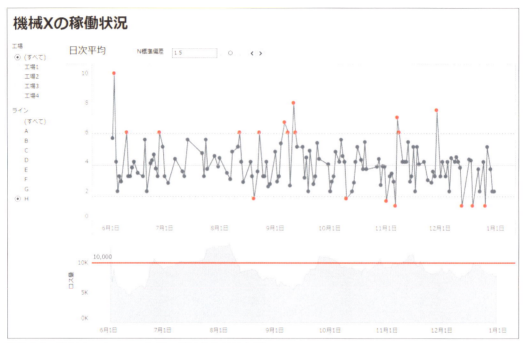

図1.3.9　注目すべきマークや線にだけ色を付けた例

ここで紹介した例に当てはまらない場合であっても、色の数を抑えるのがポイントです。

多くの色を使わざるを得ないときは、ダッシュボードを分割できないか検討してみることをおすすめします。わかりやすさの観点からも、1つのダッシュボードには、最大でも4つのチャートを含めるのがベストプラクティスです。

■ カスタムカラーパレット

グラフに色を付与する際、［色の編集］ダイアログにある==カラーパレット==から色を選択することが多いです。そのカラーパレットの一覧には、独自のカラーパレットを追加することが可能です。この独自の色を追加した==カスタムカラーパレット==は、コーポレートカラーの組み合わせなど同じ色を繰り返し使用する場合に、その都度色を選択する手間を省くことができるというメリットがあります。ただし、Tableau社が公式にサポートしていないことを理解した上で使用するようにしましょう。

カスタムカラーパレットを追加する前に、カラーパレットの種類と、それぞれに必要な色数を把握しましょう。Tableauのカラーパレットは、［マーク］カードの［色］に入れるフィールドに

よって、3種類に分かれています。不連続の値にそれぞれ色を与える<mark>カテゴリーカラーパレット</mark>には、複数の色を用意します。連続の値を指定のグラデーションで分ける<u>連続カラーパレット</u>には、グラデーションの両端と中間の数ポイントの色を用意します。指定の2色間をグラデーションで分ける<mark>分岐カラーパレット</mark>は、2色を用意します。

表1.3.1　Tableauのカラーパレット3種類

	カテゴリーカラーパレット	連続カラーパレット	分岐カラーパレット
連続・不連続	不連続フィールド	連続フィールド	連続フィールド
パレット	それぞれの値に割り当てる色のセット	複数の色をつなげたグラデーション	2色間のグラデーション
[色の編集]ダイアログ			

　ここでは、設定ファイルを編集して、HTML形式でカラーパレットに任意の色を設定する方法を紹介します。

❶ 設定ファイルを開きます。Windowsでは［ドキュメント］、macOSでは［書類］配下にある「マイ Tableau リポジトリ」から「Preferences.tps」をテキストエディターで開きます。Windowsであれば「メモ帳」を開いておき、その上に「Preferences.tps」をドラッグして開くことができます。

❷ 「workbook」の開始タグ<workbook>と終了タグ</workbook>の中に、「preferences」の開始タグ<preferences>と終了タグ</preferences>を書きます。

❸ 「preference」のタグの中に、カラーパレットの色の組み合わせを指定します。基本的な書き方は次の通りです。パレット名、タイプ名、カラーコードの部分を書き換えてください。パレット名には、作成するカスタムカラーパレットに付ける名前を入力します。タイプ名には、カラーパレットの種類によって表1.3.2に記載されている名称を指定します。カラーコードには、#の後に6桁の英数字を入れて色を表すカラーコード（たとえば#1d437d）を入力します。

```
<color-palette name="パレット名" type="タイプ名" >
<color>#カラーコード</color>
<color>#カラーコード</color>
</color-palette>
```

表1.3.2 カラーパレットの種類を表すタイプ名

カラーパレットの種類	タイプ名
カテゴリーカラーパレット	regular
連続カラーパレット	ordered-sequential
分岐カラーパレット	ordered-diverging

図1.3.10に、Preferences.tpsを書き換えた例を示します。

```xml
<?xml version='1.0'?>

<workbook>

    <preferences>

        <color-palette name="カテゴリー" type="regular" >
        <color>#f9d1eb</color>
        <color>#d8d3fb</color>
        <color>#bcecf0</color>
        <color>#bbeebf</color>
        <color>#f4f4b0</color>

        </color-palette>

        <color-palette name="連続" type="ordered-sequential" >
        <color>#979df0</color>
        <color>#bfa4f4</color>
        <color>#e6a8f2</color>
        <color>#f9b2eb</color>
        <color>#ffbfe3</color>

        </color-palette>

        <color-palette name="分岐" type="ordered-diverging" >
        <color>#dab8f2</color>
        <color>#daf8b2</color>
        </color-palette>


    </preferences>

</workbook>
```

図1.3.10 カテゴリー、連続、分岐の3種類のカラーパレットを記述した例

4 書き終わったら、「Preferences.tps」を上書き保存します。

図1.3.11は設定ファイルの編集内容が反映されたカラーパレットです。

カテゴリーカラーパレット　　　　　　連続カラーパレット　　　　　　分岐カラーパレット

図1.3.11　カスタムカラーパレットを追加した例

■ **背景色**

　ダッシュボードの背景色は、白のままにしておくことをおすすめします。特に濃い色に変更するとマークや文字が読みづらくなり、色覚障害をおもちの方には読み取れなくなる可能性があります。図1.3.12の通り、背景が白いほうがデータに集中しやすくなります。

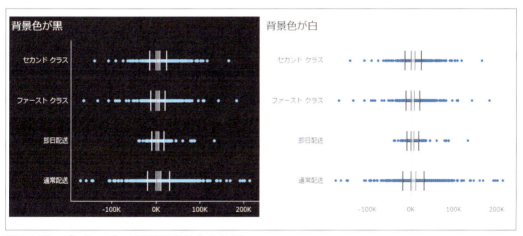

図1.3.12　ダッシュボードの背景色は白のままに

1.3.3 テキスト・ラベル

　ビューに表示する文字は、できるだけ少なくします。「読ませる」のではなく「見せる」ビューのほうがシンプルでわかりやすいです。ただし、タイトルや操作方法、ラベルなど、必要な情報は文字で表示することが大切です。

■ フォント

文字のフォントによって、受ける印象は変わります。見やすく、中身に合ったフォントを選びましょう。フォントを変更する場合は、［書式設定］＞［ワークブック］から、ワークブックごとに、一括変換するとよいでしょう。

読みやすい日本語フォントの例として、メイリオ、游ゴシック、ヒラギノ角ゴシックなどが評価されています。これらのフォントはデジタルでの表示に最適化されており、太字でも視認性が損なわれにくいという特徴があります。ただし、使用場面を考慮しながら、適切なフォントを使い分けましょう。

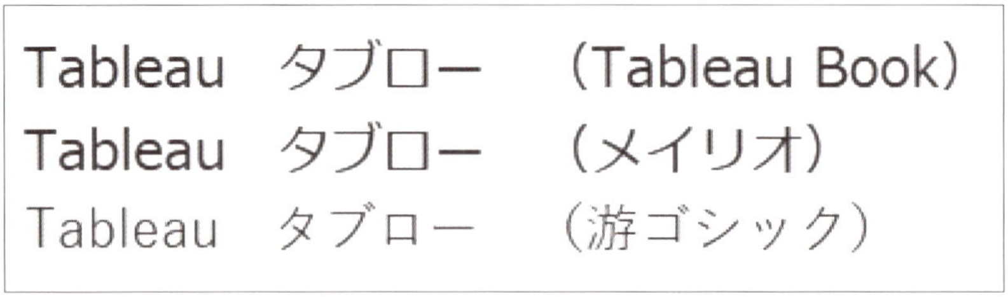

Tableau　タブロー　（Tableau Book）
Tableau　タブロー　（メイリオ）
Tableau　タブロー　（游ゴシック）

図1.3.13 フォントは「メイリオ」や「游ゴシック」はデジタル表示向き

文字を目立たせたいときは、太字、サイズ、色を活用しましょう。文字自体を目立たせる太字、斜体、アンダーラインの中では、余計な装飾が少ない「太字」が読みやすいです。サイズと色は、1.2.1で説明した通り、人間が認識しやすいデザイン要素です。

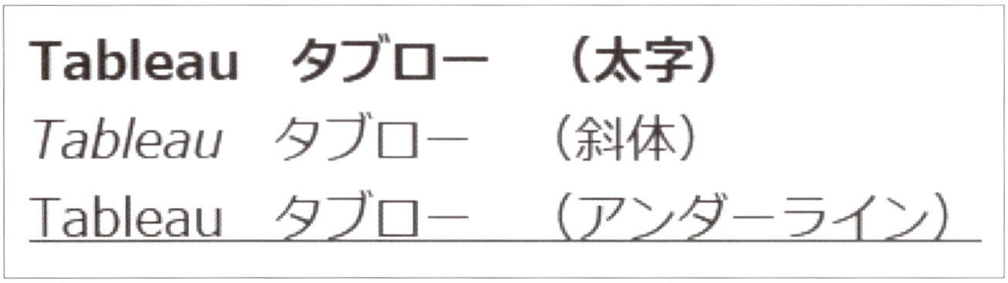

Tableau　タブロー　（太字）
Tableau　タブロー　（斜体）
<u>Tableau　タブロー　（アンダーライン）</u>

図1.3.14 文字を目立たせるには「太字」にするのがおすすめ

■ ラベル

グラフ上には、文字や数字をできるだけ表示しないようにします。人は、表示されていれば読んでしまうからです。読ませるのではなく、グラフから考えるプロセスに意識をできるだけ早く向けさせることが重要です。いくつか具体例を見ていきましょう。

ラベルは、左から右へと横方向に配置することが推奨されます。棒グラフにおいて、図1.3.15の右側の例のように横方向の棒と横方向のラベルを使用すると、読みやすさが向上します。図1.3.15の左側のように文字を90度回転させると、読み取る時間が倍になるという研究結果もあり

ます。なお、Tableauでは文字を縦書きにすることはできません。

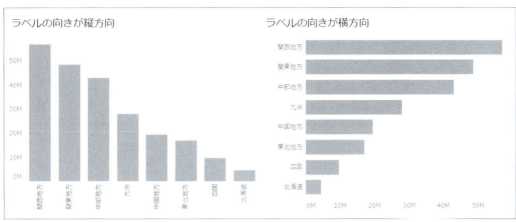

図1.3.15　ラベルは左から右に流す

　すべてのマークに数字を表示せずに、表示する数字を最小限に抑えると、傾向を捉えやすくなります。非表示の数字を知りたい場合は、ツールヒントを活用できます。図1.3.16の例では、左側にすべてのマークに数字を表示したグラフが、右側に最後のマークにのみ数字を表示したグラフがあります。右側のほうが数字の情報が少ないため、グラフの増減がわかりやすくなっています。最新の値のみを表示する方法は、［マーク］カードの［ラベル］をクリックし、［ラベルにマーク］に［最新］を、［スコープ］に［線/円］を選択することで実現できます。

　さらに、図1.3.16の右側の図では、色の凡例をグラフ上に表示させることで凡例リストと照合する必要がなくなり、データの傾向をよりスムーズに理解できるようになっています。スペースの問題でグラフ上にラベルを表示しづらいときは、グラフと同じ順序でグラフの近くに表示すると参照しやすくなります。

図1.3.16　数字や文字は必要最小限に抑える

053

指定の値だけにラベルを出すことも有効です。試してみましょう。シート全体のラベルを非表示に設定した後、指定のマークのみにラベルを表示します。

1 表を参考にビューを作成します。

[列]	「合計（売上）」
[行]	「都道府県」
[マーク] カードの [ラベル]	「合計（売上）」

2 [マーク] カードの [ラベル] をクリックして、[マークラベルを表示] のチェックを外します。

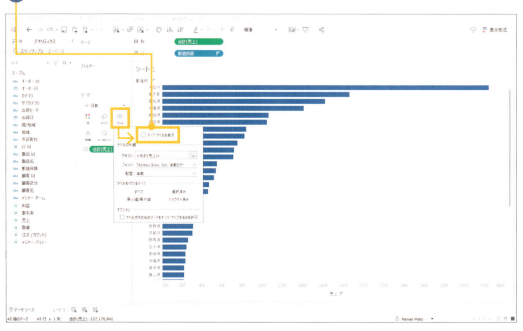

054

❸ 表示させたいマークを右クリック＞［マークラベル］＞［常に表示］をクリックします。

1.3.4 形状

　形状は人間が直感的に認識しやすいデザイン要素とはいえません。そのため、図1.3.17の右図のように、多数のマークを形状だけで識別させる使い方は避けるべきでしょう。
　一方、左図のように少数のマークに対して、ラベルとともにデータの中身をアイコンで表現する用途では、形状を使うのは有効です。アイコンを見れば、値の意味が理解できるからです。

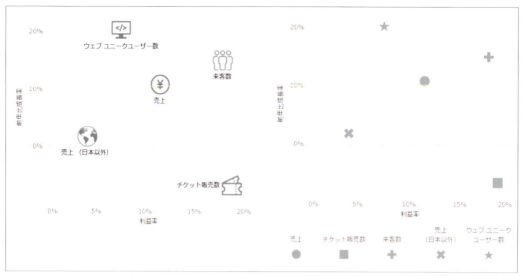

図1.3.17 例外を除き、「識別」するための形状は使わない

Tableauに用意された以外の形状を使用するには、Windowsでは［ドキュメント］、macOSでは［書類］配下にある「マイ Tableau リポジトリ」＞「形状」にフォルダを作成し、そのフォルダに画像を入れると、［形状］パレットに表示されるようになります。

1.3.5 ツールヒント

ツールヒントを適切に設定することで、グラフの洗練度が向上します。［マーク］カードの［ツールヒント］を選択し、編集することで、必要な情報だけをわかりやすく表示できます。ツールヒントが不要な場合は、［ツールヒントの表示］のチェックを外すことで非表示にできます。

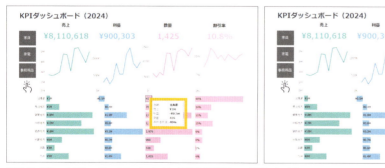
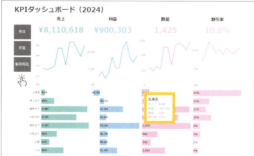

図1.3.18 太字、色、フォントサイズを調整して見やすくしている

ツールヒントに、他のシートを挿入することもできます。表示させるシート内には、選択したマークでフィルターがかかったビューが表示されます。ここでは図1.3.19のように、棒グラフのツールヒントに他のグラフを表示してみましょう。

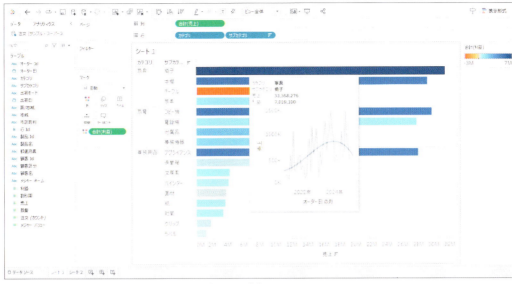

図1.3.19　ツールヒントに他のシートを表示した例

① 表を参考に2つのビューを作成します。

[列]	「合計（売上）」
[行]	「カテゴリ」、「サブカテゴリ」
[マーク] カードの [色]	「合計（利益）」
その他	降順で並べ替え

[列]	「月（オーダー日）」
[行]	「合計（売上）」
その他	[アナリティクス] ペインから [傾向線] > [多項]
その他	※図では色を変更

② 1つ目のシートで、[マーク] カードの [ツールヒント] をクリックします。

③ [挿入] > [シート] から2つ目のシート名をクリックします。

④ 入力された文字にある、maxwidth（最大の横幅）とmaxheight（最大の高さ）でツールヒントに表示するシートのサイズを調整します。

❺ 初期設定では、選択しているマークにフィルターされたビューが表示されますが、フィルターするフィールドを指定できます。入力された文字にある「filter」の後ろ「すべてのフィールド」にカーソルを移動してから<すべてのフィールド>を削除し、[挿入] から指定のフィールドを選択します。

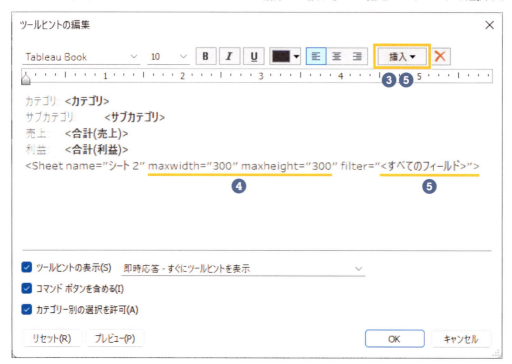

❻ 挿入されたシートの [フィルター] シェルフには、「ツールヒント」のフィルターが加わります。

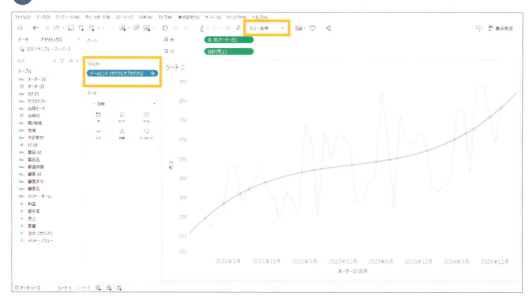

このシートを「ビュー全体」で表示しておくことで、ツールヒントでは❹で指定した最大シートサイズで表示することができます。

1.3.6 書式設定関連

書式設定を細かく設定すると見やすくなり、完成度が上がります。

■ 網掛け

ビュー全体の雰囲気に合った色使いで、メリハリをつけたり読み取りやすくしたりするために網掛けを使います。たとえば、1.3.2に掲載した例では、シートのタイトルに薄いグレーの網掛けを入れることで、シート間の区分をつけやすくしています。

■ 枠線・線

枠線や線は、初期設定の表示よりも少ないほうが、わかりやすいことが多いです。特に、軸の目盛りに合わせてグラフ上に表示されるグリッド線は、線に沿って値を読み取る必要がない場合、薄くするか削除することをおすすめします。ワークブック全体の設定を一括で変更するには、メニューバーの［書式設定］＞［ワークブック］＞［線］で設定します。

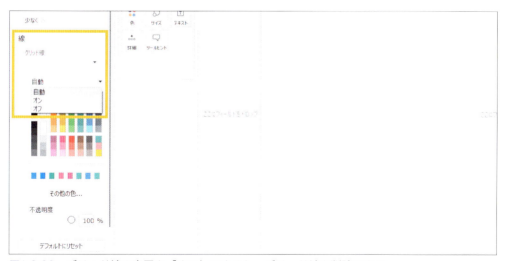

図1.3.20　グリッド線の表示を「オフ」にすると、グリッド線を削除できる

■ フィールドラベル

フィールドラベルとは、ビューに表示される行と列のフィールド名のことを指します。これらを表示する必要がない場合は、フィールドラベルの上で右クリック ＞ [行/列のフィールドラベルの非表示] を選択して、ビュー上の表示数を減らします。

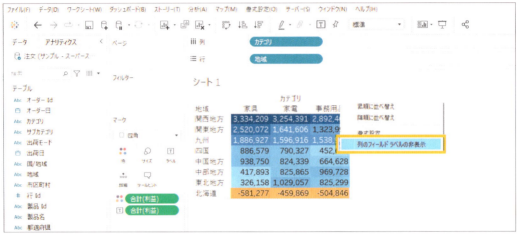

図1.3.21　フィールドラベルの非表示

■ 軸

軸の目盛りは、細かくし過ぎず、必要最小限にします。表示する大目盛りは、1、2、5、10など切りの良い値にしましょう。軸の設定を編集するには、軸を右クリック ＞ [軸の編集] を選択して、目盛りを編集できます。

図1.3.22　[軸の編集] 画面

060

二重軸を使用する際、図1.4.10の右上の図のようにグラフの色と軸の網掛けの色をそろえることで、どの軸がどのグラフに対応しているかをすぐに認識できます。軸の網掛けをグラフで使用されている色に合わせるには、軸を右クリック＞［書式設定］をクリックし、［軸］ペインのまま、［既定］の［網掛け］にグラフで使った色を選択します。

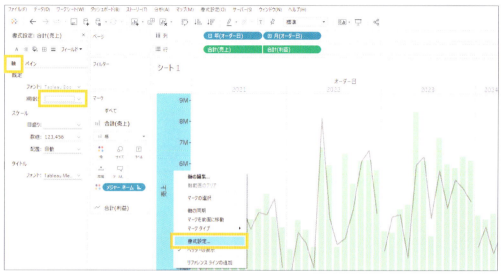

図1.3.23　二重軸のとき、軸の色をグラフで使った色にそろえるとわかりやすい

　軸の名前はわかりやすく書き換え、必要があれば単位を書き加えます。軸のタイトルを編集するには、軸を右クリック＞［軸の編集］から変更できます。

効果的なダッシュボードデザイン

対象ユーザーや利用目的によって、作るべきダッシュボードのデザインが変わってきます。どのようなタイプのダッシュボードでも、統一感を出し、見やすいレイアウトにし、誰でもわかる解説や誘導を加えることが重要です。さらに、作成者が意図したものとは異なる見え方をする方がいることを知り、必要があればそうした人々の意見に対応できるようにしましょう。

1.4.1 対象や目的に合ったダッシュボードの検討

　ダッシュボードは、ユーザーとその活用目的や活用シーンを考えて、使う人が心地よく便利に使えるような完成物を作りましょう。

　ダッシュボードにはいくつかタイプがあります。大きなくくりでは、本書で扱うビジネスで使うビジュアル分析の他、インフォグラフィックスやデータを使ったアートもデータを可視化したものなので、ダッシュボードの1つと考えることができます。

　インフォグラフィックスは、ポスターや企業のサイトで目にします。よりデザイン性が高い表現で興味を引きながら、情報をわかりやすくまとめたものです。ビジネスで使う優れたビジュアル分析がインフォグラフィックスやアートにおけるデータ可視化と異なるのは、次の2点です。

・実用的な数字の把握を目的とするため、「有用性」の要素が強い。
・「見やすさ」はシンプルであるほどよく、凝ったデザインは必要ない。

　ビジネスの世界で使うビジュアル分析は、アート寄りにせず、1.1.1で説明したように、シンプル・わかりやすい・正しく伝わるという、情報の正確な伝達が重視されます。

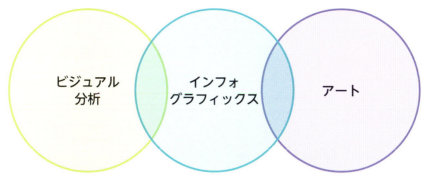

図1.4.1 ダッシュボードの大まかなタイプ

さらにビジュアル分析のダッシュボードは、大きく3つの用途に分けて考えることができます。レポート用途、プレゼンテーション用途、単発的な分析用途です。

■ レポート用途

繰り返し見るレポートの用途は、意見の入らない中立的な事実を伝えるように作ります。レポートを見るユーザーはさまざまなので、ここでは役職で分けて考えてみましょう。

経営層には、ビジネスの健全性をモニタリングできるよう、大きなレベルでまとめた会社全体の状況を伝えます。クリックなどの操作をすることなしに一目で結果を確認できるものが好まれます。具体的には、上部に指標値を大きな数字で出し、時系列推移の折れ線グラフやカテゴリ別の棒グラフを掲載する程度になることが多いです。

中間管理職の場合、施策を練るために必要な情報を提供します。必要に応じて、多少の操作によりデータを掘り下げられる仕組みのダッシュボードを用意しましょう。

リーダーや現場レベルには、日々の業務に役立つ詳細な情報を提供します。ダッシュボードを操作しながら知りたい情報を探し出せるような仕組みにします。大まかなレベルから詳細のレベルへの導線を設け、価値のある発見を促します。

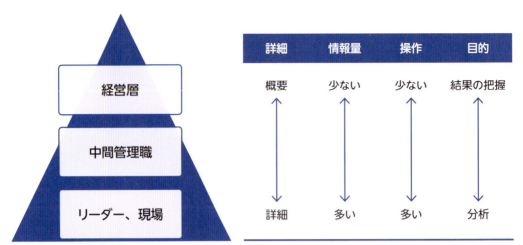

図1.4.2 レポート用途のダッシュボードはユーザーによって内容を使い分ける

■ プレゼンテーション用途

　プレゼンテーションには、事実に加えて主張が入ります。主張する意見の根拠を支え、説得力を増すためのチャートを適切な順番で含めて、納得感のある流れを作ります。論理性のあるストーリーをもたせると、聞き手の記憶に残りやすくなります。

　試行錯誤しながらたくさんのシートを作る過程で、少数の有用なグラフを見つけ出していきます。さらに、複数のシート間をさまざまなパターンでフィルターすると新たな発見が出てくることが多いので、シートとダッシュボードとの行き来が頻繁に起こります。

　最終的には、ダッシュボードかストーリーにまとめます。

■ 単発的な分析用途

　気になったことの答えをデータで調べたり、探索的に理由を分析したりする、単発的な分析もあります。このような分析は、アナリストや現場の人が自身で利用したり、近しい関係者に結果を報告する際に利用します。

　共有する価値のある結果が得られたら、レポート用途やプレゼンテーションの素材として、より幅広く活用されるかもしれません。

1.4.2 ダッシュボード全体の統一感

　美しくまとまったダッシュボードには、共通して統一感があります。統一感を出すには、各シートのデザイン要素をそろえることがポイントです。

■ 色

色が与えるインパクトは大きいので、色によって全体の一体感を演出できます。

1.3.2で説明した原則にのっとって、ダッシュボードに使う色は最大でも4色に抑えると、統一感を出しやすいです。

ダッシュボードの中では、1つの色に1つの意味をもたせます。たとえば、ピンクを「シート1」で「A」に使ったら、「シート2」以降もピンクは「A」にのみ使います。実際の例は、**1.3.2**で掲載したダッシュボードの例をご覧ください。

■ テキスト・ラベル

マークに付ける値の名前、説明書きに出てきた値の名前、ツールヒントの値の名前など、文字の色をチャートに使った色にそろえると、統一感が出ます。その結果、見やすく、完成度も高く見えます。また使用するフォントは、1つのダッシュボードで多くても2種類までとし、できるだけ1種類にします。

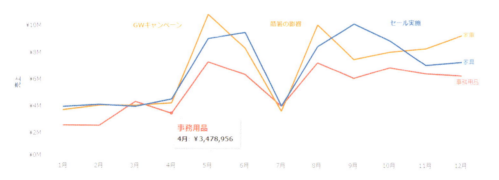

図1.4.3　文字の色を、グラフで使った色にそろえるとわかりやすい

■ 組織での標準化

ダッシュボードの一つ一つに統一感があることに加え、組織内にあるダッシュボード全体に統一感をもたせることを検討してもいいでしょう。Tableauを大規模に導入しているユーザー企業では、ダッシュボードデザインのテンプレート、参考ダッシュボード集、デザインルール等を用意していることが多いです。

ダッシュボードのテンプレートとして次の要素が入った空のワークブックを用意しておくと、フォーマットに沿って作りやすくなります。

・デバイスごとのダッシュボードのサイズ
・ロゴを入れたタイトル
・フォントの設定
・フィルターを入れるオブジェクト
　など

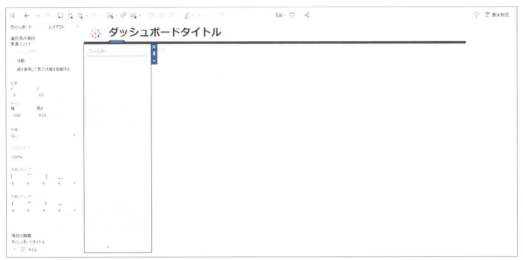

図1.4.4　テンプレート用の空のワークブック例

　フォントや色など、基本的な部分の統一化は容易で、組織内で徹底しやすい傾向があります。図1.4.5は統一すべき要素について記載したガイドの資料例です。この他にも、パディング（余白）、レイアウト、フィルター、書式設定、軸、より厳密な色使いとフォントなど、詳細なルールを決め、ダッシュボードやストーリーを使ってワークブックにまとめ、Tableau ServerやTableau Cloudで共有することもできます。

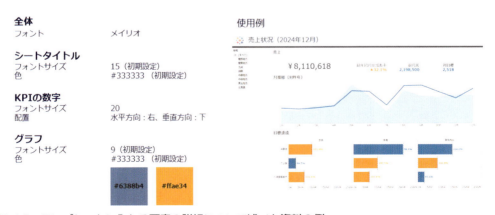

図1.4.5　テンプレートに入れる要素の詳細について述べた資料の例

見方の共通化ができていれば、新しいダッシュボードが共有されたとしても、受け入れられやすくなります。また、ダッシュボードの標準化は、新しく加わった作成メンバーにとっても役に立ちます。

ダッシュボードに配置したオブジェクトは、コピーして再利用することができます。異なるワークブックのダッシュボードにも貼り付けることができます。サイズや書式設定等、全く同じ設定で複製できます。この機能により、より素早く、より統一感のあるきれいなダッシュボードを作成しやすくなります。

図1.4.6　オブジェクトはコピーして再利用できる

1.4.3 適切なレイアウト

配置を工夫すると、より見やすいダッシュボードに仕上がります。

■ 視線の流れ

　人間は、紙面や画面を見るときに、まずは画面の中央を見て、すぐに左上に視線を移します。その次に、視線はZの方向で動きます。最近のウェブの研究では、Fの方向だともいわれています。

　視線の流れに沿って、最も重要なビューを左上に、見逃さないではしいビューを上部に配置しましょう。また、大きな粒度のビューから小さな粒度のビューに分析を流したいときには、Z型やF型の配置にすると自然に視線を誘導できます。統一感がなく目立つ部分があると、ZやFの自然な流れを妨げてしまうので注意してください。

 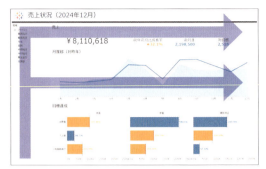

図1.4.7 ダッシュボードの要素は人間の視線の流れに沿って配置する

　ビューの順番にロジックがある場合は、確実にその指定の順番で見てもらう必要があります。そうした場合は、ビューに番号を付けておくと確実です。なぜなら人は、ZやFの自然な流れよりも、番号順で追いかけるものだからです。

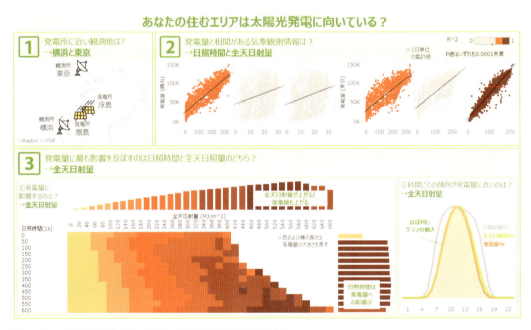

図1.4.8 指定の順番で見てほしい場合は番号を付記する

　見てもらいたいポイントがあれば、そこに矢印を付けることも有効です。人は、必ず最初にその矢印の先を見ます。
　また、同じ色のかたまりがあれば、それらを同じグループとみなして同じ色を追いかけます（図1.4.12で示す「KPIダッシュボード」参照）。

■ サイズ

ダッシュボードのサイズは、デザインを美しく感じさせる比率を参考に設定しましょう。

西洋では<mark>黄金比</mark>と呼ばれる1:1.618という比率が有名です。この比率はパルテノン神殿や、身近なところではクレジットカードでも使われています。一方、日本では<mark>白銀比</mark>と呼ばれる1:1.414が有名です。こちらは、法隆寺や畳などに使われています。参考までに、表1.4.1に黄金比・白銀比の場合のダッシュボードの高さ、幅のパターンを示します。

表1.4.1　黄金比・白銀比で計算したダッシュボードの高さ、幅のパターン例

1	1.618（黄金比）	1.414（白銀比）
600	971	848
700	1133	990
800	1294	1131
900	1456	1273
1000	1618	1414

ダッシュボードのサイズは、スクロールバーが出ないサイズにします。中に入れるビューも、スクロールバーをできるだけ出さず、かつ余白が出ないよう、ツールバーにあるドロップダウンのリストを［標準］から［ビュー全体］や、［幅を合わせる］、［高さを合わせる］に変更します。図1.4.9の上段は［標準］のままのもの、下段は［ビュー全体］に変更したものです。

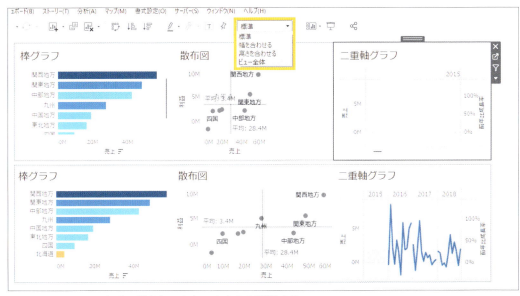

図1.4.9　スクロールバーが出ないように大きさを調整する

■ 配置

シートやオブジェクトの配置は、格子状に縦のラインと横のラインが整列していると美しく見えます。

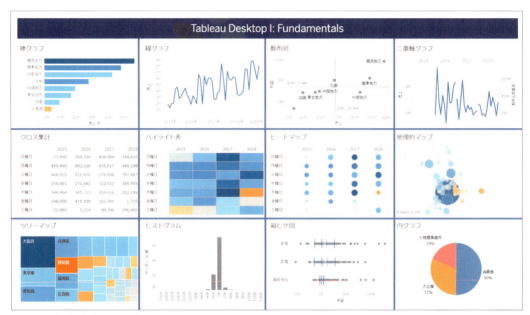

図1.4.10　縦と横のラインに沿って格子状に並べる

複数のシートやオブジェクトの幅や高さをそろえるには、水平オブジェクトまたは垂直オブジェクトを利用します。これらのオブジェクトにシートやオブジェクトをドロップし、[コンテンツの均等配置] を利用すると便利です。

図1.4.11　［コンテンツの均等配置］でオブジェクト同士の幅や高さをそろえる

　余白をもたせると、それぞれのビューが際立ち、データに集中しやすくなります。上下左右の余白設定は、パディングを活用します。また、シートやオブジェクトの間に余白をもたせると、洗練された仕上がりになります。

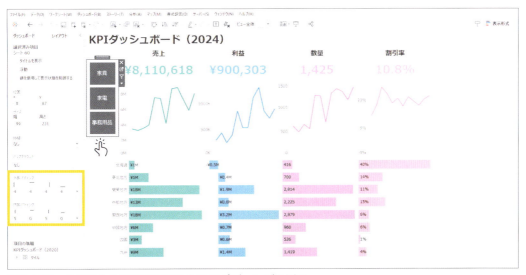

図1.4.12　余白をもたせて表示するためにパディングを活用

　フィルターや凡例はすべて左側や右側にまとめる、網掛けや枠線で囲うなどチャートと区別すると、わかりやすくなります。

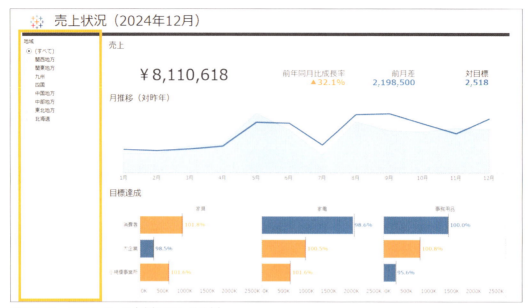

図1.4.13　フィルターを左側にまとめた例

　配置によっては、ビューのサイズが縦長や横長になってしまう可能性があるので、ビューの見せ方も考慮しましょう。

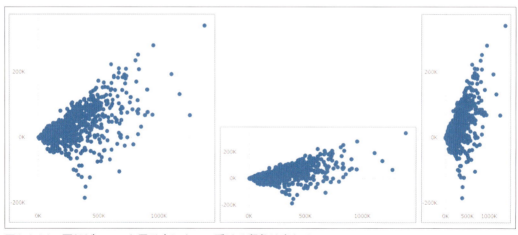

図1.4.14　同じビューでも見せ方によって受ける印象は変わる

　その他にも、要素の位置や空き、サイズなどで、物理的バランスを整えます。

1.4.4 ユーザー自身が見方を理解できる解説や誘導

親切なダッシュボードにするポイントは、「ユーザーはTableauを全く知らない」という前提で作ることです。たとえ作成者にとって周知の事実のように思えることでも、何を表現しているのか、ダッシュボードやシートのタイトルにわかりやすく記載します。

■ 操作説明と、操作を連想させるアイコン

ダッシュボードに操作性をもたせているのであれば、どのような操作をすると何が起こるのか、必ず書いておきましょう。タイトルのスペースに文字で書いたり、マウスなどのアイコンを入れたりしておくと、ユーザーは直観的に理解できます。

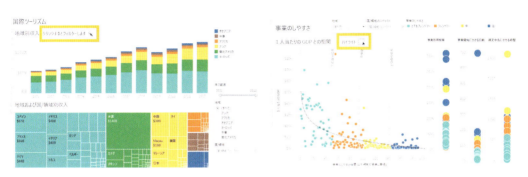

図1.4.15　ダッシュボードで行える操作について、タイトルの横にテキストとアイコンで示した例

また、表示するフィルターは、図1.4.13のようにダッシュボード全体に適用されるように見せる場合、ダッシュボード上のすべてのシートに適用されるべきです。一方で、個々のシートの近くにフィルターを配置する場合は、そのシートだけに適用されるべきです。

■ ダッシュボードの説明と、説明を連想させるアイコン

ダッシュボードの説明が必要であれば、タイトルのスペースにテキストで記載する他、インフォメーションマークやクエスチョンマークのアイコンにマウスオーバーすると表示する仕組みにしておくのもおすすめです。

ここでは、アイコンで記載する方法を紹介しましょう。ワークシートが「サンプル - スーパーストア.xls」に接続しているとします。

① メニューバーから［分析］＞［計算フィールド］をクリック、「0」だけを入力した計算フィールド「0」を作成します。1つの値が出せれば、何を入力しても構いません。

② ［OK］をクリックして画面を閉じます。

③ ［マーク］カードの マークタイプを［形状］にします。

④ ［データペイン］から作成した計算フィールド［0］を［マーク］カードの［形状］にドロップします。

⑤ ［マーク］カードの［形状］をクリックし、情報提供を連想させるインフォメーションマークなどのアイコンを指定します。

⑥ ［マーク］カードの［ツールヒント］をクリックします。

⑦ 説明を書きます。

⑧ ［OK］をクリックして画面を閉じます。

任意の形状を形状パレットに表示することができます。Windowsでは［ドキュメント］、macOSでは［書類］配下にある「マイ Tableau リポジトリ」から「形状」を開きます。任意のフォルダを作成し、そのフォルダの中に使用したい画像を含めてください。

　作成したシートをダッシュボードに含め、指定したアイコンにマウスオーバーすると、ツールヒントで説明が表示されるようになりました。

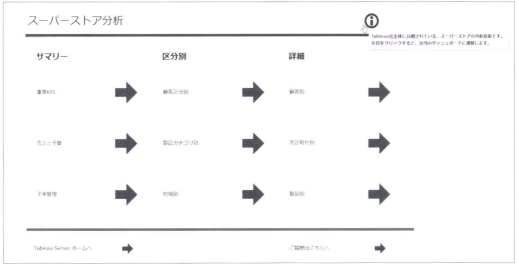

図1.4.16 マウスオーバーしてツールヒントを表示

■ ダッシュボードの一覧ページ

　図1.4.16のように、「見るべきダッシュボードをリスト化したダッシュボード」を用意すると、入り口が1つになって使い勝手が良くなります。これは、ランディングページのようなものです。同じワークブックであれば、メニューバーの［ダッシュボード］＞［アクション］を選択し、［アクションの追加］＞［シートに移動］から指定のダッシュボードに移動できますし、異なるワークブックであれば、メニューバーの［ダッシュボード］＞［アクション］を選択し、［アクションの追加］＞［URLに移動］からTableau Server・Tableau CloudにパブリッシュしたワークブックのURLに移動できます。ダッシュボードの一覧ページを作っておくと、「目当てのダッシュボードを探せない」、「どのようなダッシュボードがあるのか知らない」といった問題を解決できます。

　図1.4.16のように矢印などのアイコンを置くのではなく、そのダッシュボードの1枚目の画像や中身を連想させるアイコンを割り当てるのも、わかりやすいです。

■ ダッシュボードの操作説明画面

　ダッシュボード上でどのような操作ができるか、コンテナの表示・非表示機能で示すアイデアもあります。次の例では、上の図で右上のアイコンⓘをクリックすると、下の図のように操作説明が表示され、再度アイコンⓘクリックすると操作説明が消える動作をします。これは、上のダッシュボードの上に、説明書きが記された下の画像を表示したり閉じたりすることで実現しています。

　図1.4.17の仕組みは、次の手順で作成します。

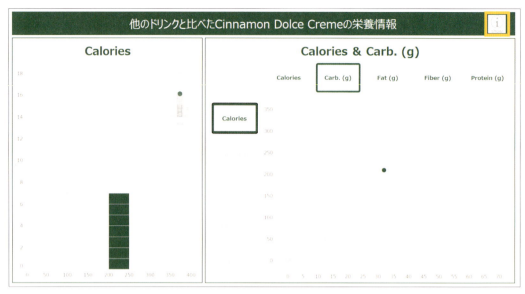

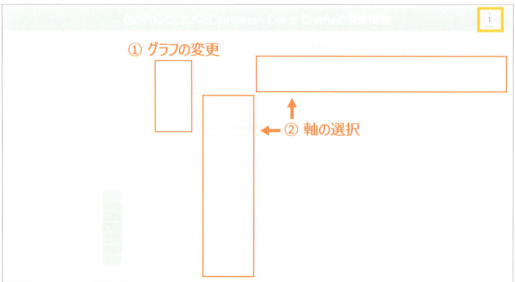

図1.4.17　コンテナの表示・非表示を切り替えて操作説明を表示する例

❶ あらかじめ、上の図に当たるダッシュボードを作成しておきます。

❷ 図1.4.17の下の図にあるように、上の図のダッシュボード上に表示する画像を作成します。上のダッシュボードの画像をキャプチャーします。その画像を、PowerPointを使って透過度を上げ、操作説明を書いた状態で画像として保存します。

❸ 上のダッシュボードの上で、「浮動」にした「水平方向」または「垂直方向」のオブジェクトを、画面全体の大きさにして配置します。

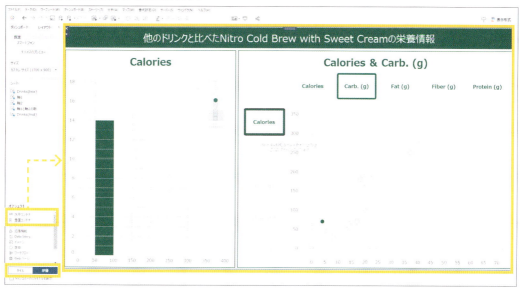

❹ 「タイル」にした「イメージ」を❸のオブジェクトにドラッグして、[画像ファイルの選択] の [選択] から❷で作成した画像を指定します。

❺ [OK] をクリックして画面を閉じます。

077

❻ 画像のオブジェクトの枠線上部中央をダブルクリックし、❸で入れたオブジェクトを示す青い枠線を出します。

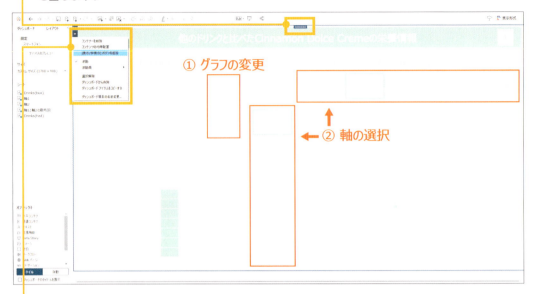

❼ 右上もしくは左上の下向き三角をクリックし、[[表示/非表示] ボタンの追加] をクリックします。

❽ 小さなアイコンが出てきました。Windowsでは [Alt] キーを押しながら、macOSでは [Option] キーを押しながらこのアイコンをクリックすると、❷の画像の表示と非表示を切り替えられます。

スクリーンモードやTableau Server・Tableau Cloudにパブリッシュしたときには、ワンクリックで切り替えられます。

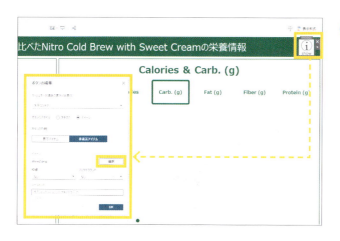

❾ 小さなアイコンの画像を変えるには、アイコンのオブジェクトの下向き三角をクリック＞［ボタンを編集］で表示される［ボタンの編集］画面で［イメージ］の［選択］から設定してください。

1.4.5 ユニバーサルデザイン

<u>ユニバーサルデザイン</u>とは、年齢・性別、障害の有無等によらず、さまざまな人にとって使いやすい設計のことです。見え方には個人差があります。その個人の中でも、年齢や体調によって見え方が変化します。

デザインを立場の弱いユーザーに合わせることは重要である一方、大多数のユーザーが良いものを享受できなくなるのはもったいないことです。すべての人への考慮を取り入れることは難しいですが、ダッシュボードの目的や内容によって、必要に応じて取捨選択することを検討してください。

■ 年齢が高い方向け

2023年の就業者総数に対する65歳以上の割合は13.6％を占めており、65歳以上の就業率は25.2％で年々上昇を続けています。少なくない割合で活躍する年齢が高めのユーザーが快適に見られるような工夫は重要です。

年齢が上がると、経験や知識に基づく判断力は向上しますが、瞬間的な判断能力は落ちます。簡単なものに差は出ませんが、複雑なものを処理するほど差が出て処理に時間がかかるようになります。年齢が高いユーザーが対象のときは、いつも以上にシンプルにわかりやすく仕上げることを心がけましょう。

また、年齢とともに、徐々に視力は落ちていきます。文字のサイズは、Tableauの初期設定の9 ptだと小さいので、10.5 ptから12 pt程度にまで上げたほうが親切です。

■ 特殊な色覚をもつ方向け

色覚異常と呼ばれる、大勢の人とは色の見え方が異なる状態の人々がいます。日本人は男性の5％、女性の0.2％という、珍しくない割合で存在します。

こうした特殊な色覚をもつ人の多くは、ピンク〜紫〜青にかけてが青に見え、緑〜黄色〜赤にかけてがオレンジに見えるタイプの方が多いといわれます（詳しくは専門書をご覧ください）。青とオレンジであれば、多くの人が同じ色で認識しやすいということになります。Tableauの初期設定の色で、青とオレンジが使われるのはこのためです。

なお、Tableauのカラーパレットには、「色覚異常」が用意されているので、このパレットから色を選択すると、より多くの人が色を識別しやすくなります。

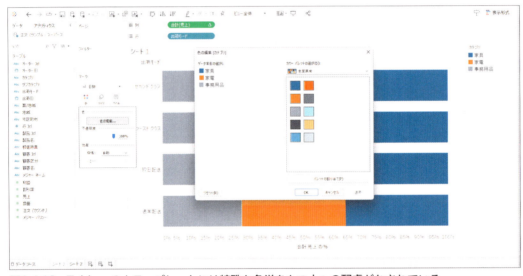

図1.4.18 Tableauのカラーパレットには特殊な色覚をもつ人への配慮がなされている

パフォーマンス向上
～スピードを上げる～

パフォーマンスが悪い、すなわち表示まで時間がかかると、ユーザーに継続して閲覧してもらうのが難しくなります。ダッシュボードは、最初からパフォーマンスが向上する、あるいは低下するポイントを押さえた上で作成するのが望ましいです。
表示速度が遅いと感じた場合は、影響が大きい部分から着手するのが効果的な方法です。パフォーマンスの良いダッシュボードが自然に作成できるように、ここで紹介する内容を意識して習慣づけていきましょう。

パフォーマンスの基本コンセプト

ここでは操作してから表示されるまで、Tableauがどのような処理を実行しているのか示し、パフォーマンスを考慮したワークブックを作成する際の基本的な考え方を紹介します。さらに、Tableau ServerやTableau Cloud、そしてデータソース側で注意すべきポイントについても触れていきます。パフォーマンスに影響を与えるワークブックの設計テクニックについては、次節以降で具体例を交えながら詳しく解説します。

2.1.1 パフォーマンスの基本原則

パフォーマンス、すなわち表示までのスピードは、ワークブックの作成者にとって作業効率に直結する重要な要素です。集中を妨げない十分な速さで動作すれば知りたい答えをより迅速に得ることができ、別の分析にも意識を向けやすくなります。閲覧者にとっても、閲覧自体に負荷があると継続して見る意欲が持続しなくなるおそれがあります。義務ではなく閲覧者自身の意思で見てもらえるようになることで、データに基づいて物事を決定していく文化が組織内に定着しやすくなります。

■ パフォーマンスの最適化における基本的な考え方

Tableau Desktopで速くなければ、Tableau Server・Tableau Cloudでも速くなりません。パフォーマンスの8割は、ワークブックの設計に起因するといわれています。2.2以降は、ワークブックの設計について、本節はそれ以外のポイントを扱います。

ワークブックやダッシュボードに多くの要素を詰め込めば表示速度は遅くなり、シンプルにすれば速くなります。操作性や一覧性を重視するか、速さを優先するか、このトレードオフを考慮しながらワークブックやダッシュボードを作成する必要があります。

ライブ接続のとき、データベースの処理速度が遅ければ、Tableauも速くなり得ません。図2.1.1の②クエリ実行はデータベース側で実行されるためです。

最初からパフォーマンスを重視してダッシュボードを作成しましょう。問題が発生してから対処しても根本的な解決に至らず、最初から作り直さざるを得ないこともあります。データ量、計算式の複雑さ、表現方法、動作環境など、多岐にわたる些細な要因が積み重なって全体に影響を及ぼすことが少なくないのです。

2.1.2 Tableau Desktopでの処理の流れとインストール環境

処理の流れやインストール環境もパフォーマンスに影響を与えます。

■ Tableau Desktopの処理の流れ

Tableau Desktopで、シートを操作してから表示されるまでの処理の流れを示します。

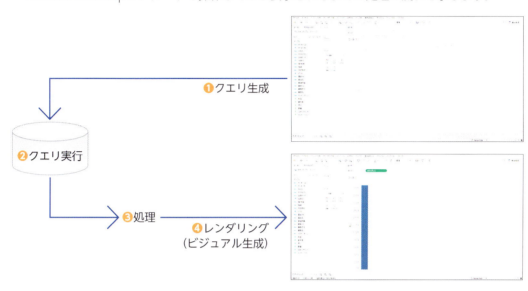

❶ドラッグアンドドロップなどの操作から、データへの命令である「クエリ」を生成します。
❷ライブ接続であればデータベースで、抽出接続であればTableau内で、生成されたクエリに記述された計算処理を実行します。
❸Tableau側で処理が必要な表計算、ブレンド、コンテキストフィルターなどの処理を実行します。
❹グラフ上に描画する線や書式などを含めた画面描画処理を行います。

図2.1.1　Tableau Desktopにおける操作から表示までの処理の流れ

COLUMN

この処理の流れのキーとなるのが、Tableauの根幹となる特許取得済み技術「VizQL（Visual Query Language）」です。画面上で操作を行うとその操作を実現するVizQLのクエリが自動生成され、次にVizQLからデータソースが処理可能なSQL、MDX、TQL（Tableau Query Language。抽出データ向け）のクエリに変換されます。ユーザーがクエリを記述することなく、ビジュアル分析に集中できるのはVizQLのおかげです。これは、Tableauの創業者の一人がアメリカ・スタンフォード大学で開発した革新的な技術です。

Tableau Desktopがインストールされた環境のハードウェアを確認します。

■ Tableau DesktopをインストールするPCの推奨ハードウェア

Tableau Desktopを動かすPCのハードウェアのスペックは、パフォーマンスに大きく影響します。インストールできる最小要件を満たしているだけでは、快適な操作は難しいでしょう。

公式な推奨要件は公開されていませんが、著者の個人的な経験に基づいた推奨スペックの目安を以下に示します。なお、ハードウェアは高いスペックであればあるほど望ましいですが、スペックを上げても比例的にパフォーマンスが向上するわけではないことに注意が必要です。

表2.1.1　Tableau Desktopのハードウェア推奨要件

	最小要件	推奨要件
メモリ	2GB	16GB
ディスク	指定なし	SSD

同じ環境でも、他のアプリケーションを終了させたりPCを再起動したりして、できるだけ多くのリソースをTableau Desktopが利用できるように工夫すると、体感速度は変化するでしょう。

2.1.3 Tableau Server・Tableau Cloudでユーザーが考慮すること

Tableau Desktopと共通したパフォーマンスにおいて考慮すべきポイントは、次項以降で詳細に解説します。ここでは、それに加えてTableau Server・Tableau Cloudを利用する際に考慮すべき重要なポイントを紹介します。

次の図は、Tableau Server・Tableau Cloudにおける操作から表示までの処理の流れです。ブラウザからアクセスや操作して最初のビューを読み込む処理と、ブラウザでレンダリングしてビューを表示させる処理が必要です。レンダリングはTableau Server・Tableau Cloudとブラウザのどちらで実行すべきか自動的に判定されます。

なお、Tableau Server・Tableau Cloudを利用する場合、ユーザーはコンテンツにブラウザでアクセスするので、ユーザーが使用するPCやタブレット、スマートフォン自体のハードウェアスペックを高くする必要はありません。

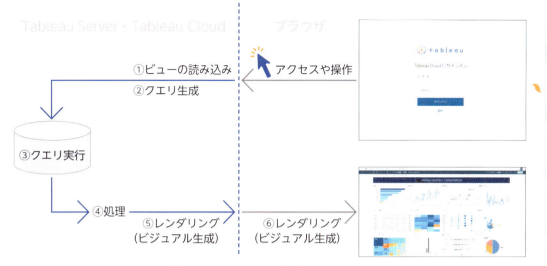

図2.1.2　Tableau Server・Tableau Cloudにおける操作から表示までの処理の流れ

■ キャッシュ

　Tableau Server・Tableau Cloudには、一度表示した画像や作成したクエリなどを一時的に保存して再利用できるキャッシュ機能が備わっています。そのため、他のユーザーを含めて過去にアクセスして生成したキャッシュが利用できる場合は、それを活用して表示や計算を行うため、表示速度が大幅に向上します。ここでは最も効果が大きい、画像のキャッシュを有効活用するための2つのポイントを紹介します。

　1つ目は、ダッシュボードのサイズを「固定」に設定することです。前に表示したユーザーと完全に同じ大きさのビューであれば、アクセス時の初期画面を再利用できます。しばらくアクセスしていない場合や、抽出データが更新された場合は、使える画面のキャッシュがなくなります。そこで2つ目のポイントとして、メールの定期配信機能をパフォーマンス改善目的に活用できることが挙げられます。定期的にサブスクライブを動作させることで、新たにキャッシュを生成させ、そのビューにアクセスした際の表示速度を大幅に向上させます。

■ Tableau Serverで考慮すること

　Tableau Serverは、用意したハードウェアによってはリソースが潤沢とはいえない場合があります。その際に、利用するユーザー側で考慮できるパフォーマンス向上のヒントを紹介します。

　多くのユーザーが自由に活用し始めると、パフォーマンスが悪いと感じるかもしれません。しかしサブスクライブを設定することでビューをメールで受け取れるので、Tableau Serverへのアクセス数を減らすことができます。サブスクライブされた画像をクリックしてビューにアクセスしてもキャッシュがビューを返すので、初期表示は高速で、Tableau Serverの負荷も軽減されます。また、負荷が大きいウェブ作成をパーミッションで制限するという運用方法も効果的です。

抽出の更新は負荷が大きい処理です。抽出は深夜にスケジューリングするなど、ユーザーがアクセスしない時間帯に設定することが望ましいでしょう。さらに、データやビジネス要件の特性に応じて必要最低限の更新頻度に設定します。月ごとに集計したデータの更新は月1回、日ごとのデータの更新は平日に増分更新、週末に全件更新といった具合です。このような工夫により、抽出更新時間を短縮でき、Tableau Serverの負荷低減に貢献します。

Tableau Serverのバージョンは、新しいほうが基本的には高速に動作します。さらに、各ブラウザのバージョンも最新に保つことが重要です。なお、Tableau Cloudは常に最新バージョンで提供されています。

2.1.4 データソースで考慮すること

ライブ接続では多くの計算処理がデータソース側で実行されるので、Tableauでのパフォーマンスはデータソース側のパフォーマンスによって異なります。抽出接続ではTableauは抽出したデータソースを使用して処理を行うため、データソース側のパフォーマンスが影響するのはデータを抽出するときのみです。

データソース側のパフォーマンスは、接続するデータソースの種類によって異なります。データベースは、TableauのようなBI製品からのデータ処理に適していることが望ましいです。また、データソース側で他の処理と競合していないかどうかもパフォーマンスに影響を与えます。

データベースの設定では、インデックスとパーティションが有効です。結合する場合の結合フィールドと、フィルターするフィールドには、インデックスを付与します。データベースでは、大きなデータを小さなデータに分割できます。これをパーティションと呼びますが、フィルターで使用するフィールドにはパーティションを活用するのが効果的です。

複雑な計算フィールドが必要である場合、Tableau側で計算するのではなく、あらかじめデータソースに必要な値を含めておいたり、必要な集計データを用意しておくことでも、パフォーマンス向上に貢献します。

データの最適化

パフォーマンスを考慮した、データソースへの適切な接続方法の考え方やポイントをお伝えします。基本的なアプローチとしては、抽出接続を利用することと、データ量を削減することを検討していきます。ブレンドを使う際の注意点についても紹介します。同じダッシュボード内でも、シートごとに必要最小限のデータに接続するなど、データの使い分けもパフォーマンス向上に効果的です。

2.2.1 データ接続のポイント

　パフォーマンスを考慮すると、データ量は少ないほど望ましいといえます。Tableauはデータ量に制限を設けませんが、分析に必要なデータに絞り込んでから作業を開始するのが賢明でしょう。

　ビューの表示速度は、基本的には抽出接続のほうが高速ですが、非常に高速なデータベースを使用している場合は、ライブ接続のほうが速くなる可能性があります。データベース側の速度はライブ接続の場合はそのままパフォーマンスに影響し、抽出接続の場合は抽出ファイルの作成処理に影響を与えます。

■ 各データベース用のコネクターを使う

　Tableauは、さまざまなデータベースに容易に接続できるコネクターと、一般的な接続であるODBCやJDBCなどのコネクターを用意しています。

　各データベースに最適化されたコネクターは、一般的な接続をするコネクターと比較してパフォーマンスが優れています。安定した接続を実現できることに加え、サポート対象であることもメリットです。また、各データベースのドライバーは、最新バージョンをインストールすることで性能向上の恩恵を受けることができます。

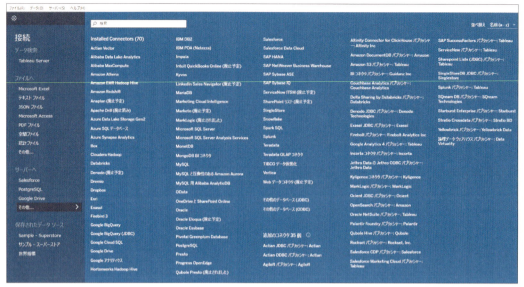

図2.2.1 Tableauに用意されているデータベース用のコネクター

■ データを組み合わせたら抽出する

　Tableau DesktopやTableau Server・Tableau Cloudでのウェブ作成では複数データを組み合わせたり、データのもち方を変更したりといったデータ準備ができます。しかしこれらの処理は負荷が大きいため、リレーションシップ、結合、ユニオン、ピボット、データインタープリター、フィールドのマージを行った後は、必ず抽出接続に切り替えるようにしましょう。

　抽出ファイルは、論理テーブルごとにTableauが計算しやすい1つのデータにまとめられるため、パフォーマンスが向上します。この効果は大きいといえます。

図2.2.2 複数データを組み合わせたら［抽出］を選択

088

■ Tableau Prepでデータを用意しておく

　Tableau Desktopやウェブ作成で実行可能な処理であっても、Tableau Prepを使用してデータ準備を事前に完了させておくことも検討します。必要最小限の大きさに絞り込まれたデータに接続できれば、パフォーマンスの向上が期待できます。リレーションシップ、結合、ユニオン、ピボット、データインタープリター、マージ、ブレンド、LOD式、一部の表計算などの処理をTableau Prepで置き換えることができます。

■ ライブと抽出、日付の粒度など、データを使い分ける

　元のデータソースが同じであっても、見せたい内容に応じてデータを使い分けて使用することがパフォーマンス向上のポイントとなります。たとえば、過去10年分のデータを確認する際は月ごとに集計した抽出データを参照し、直近1週間のデータを確認する際はデータソースフィルターを用いてライブ接続で参照するなど、必要なデータに絞り込んでデータを使い分けることを検討すべきです。異なるデータソースを使用した複数のシートを、フィルターやアクションなどで連動させて同一のダッシュボードで表示することも可能です。

■ カスタムSQLは速くも遅くもなる

　カスタムSQLを使うと、SQL文を記述してデータソースに接続することができます。Tableauに取り込むデータ量の削減や取り込む前の集計が可能であることは、パフォーマンスの観点からメリットがあります。一方で、複数データの結合やフィルターなどTableauで実行可能な処理は、Tableauが提供する機能を利用したほうが、クエリを最適化できるので一般的により高速に動作します。

　カスタムSQLを利用する必要がある場合は、抽出接続を推奨します。抽出作成以外の処理では、抽出したデータに対して最適化したクエリを使用できるためです。

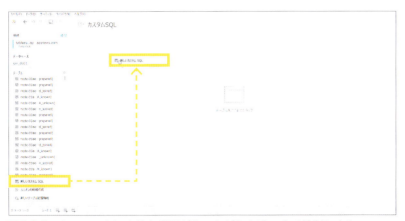

図2.2.3　カスタムSQLを使う必要があるかどうかは、よく検討しよう

2.2.2 抽出のテクニック

パフォーマンスの観点から、基本的には抽出接続を推奨します。抽出を行う際にも、パフォーマンスをさらに向上させるためのテクニックが存在します。行と列のデータを減らすことを行っていきます。

■ 列数を減らす

抽出データは列ごとに圧縮されるので、列数を減らすことがパフォーマンス向上に大きな影響を与えます。分析には不要な列はすべて非表示にしてから抽出しましょう。その状態で抽出を行うと、非表示の列を保持せずに抽出データを作成することができます。

図2.2.4 分析に必要のない列は［▼］＞［非表示］をクリックして非表示に

ワークブックを作り上げた後、使用しなかった列を一括で非表示にし、それらのフィールドを含めずに抽出することもできます。

❶ メニューバーから［データ］＞［データソース名］＞［データの抽出］をクリックします。

❷ 画面下部の［未使用のフィールドをすべて非表示］をクリックします。

■ 行数を減らす

　列数を減らしたら、次にフィルターと集計を使って行数を減らします。フィルターは、条件に合致した行のみを保持または除外します。集計は各ディメンションの値の組み合わせごとにデータをまとめ、メジャーは既定の集計方法（合計や平均など）でまとまります。

　「サンプル - スーパーストア.xls」の「注文」シートを例にして、列と行を減らしてみましょう。「カテゴリ（家具、家電、事務用品）」と「オーダー日」と「数量」の3列のみを表示し、残りの列を非表示にします。さらに、直近12カ月でフィルターし、月でロールアップ（月より細かい日付単位があっても月ごとにまとめる）した集計を行うと、カテゴリ3種類×12カ月＝36行のデータになります。売上列には商品種類別に1カ月単位でまとめた合計数量が入ります。抽出後、［シート］タブの［データの表示］から抽出ファイルのデータを確認できます。

① Tableau Desktopに同梱されているデータを使用します。「マイ Tableau リポジトリ」>「データソース」>「バージョン番号」>「ja_JP-Japan」配下にある、「サンプル - スーパーストア.xls」をクリックし、「注文」のシートを使用します。

② 「カテゴリ」、「オーダー日」、「数量」以外の列名の右上から［▼］>［非表示］をクリックして非表示にします。

③ メニューバーから［データ］>［データソース名］>［データの抽出］をクリックします。

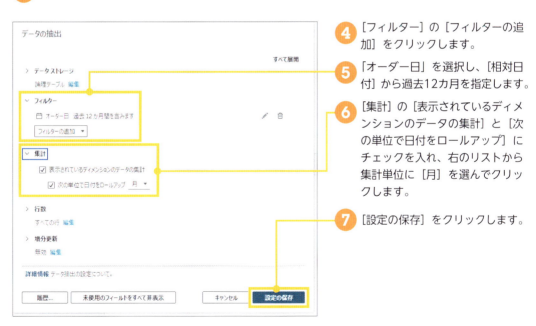

④ ［フィルター］の［フィルターの追加］をクリックします。

⑤ ［オーダー日］を選択し、［相対日付］から過去12カ月を指定します。

⑥ ［集計］の［表示されているディメンションのデータの集計］と［次の単位で日付をロールアップ］にチェックを入れ、右のリストから集計単位に［月］を選んでクリックします。

⑦ ［設定の保存］をクリックします。

⑧ シートに移動し、［データ］ペインの検索枠の右側にある［データの表示］をクリックします。抽出データが表示され、36行のみ保持していることが確認できます。

2.2.3 ブレンドで考慮すること

複数のデータを合わせて使う際、ブレンドはパフォーマンスが悪化しやすい傾向があります。ブレンドの注意点をお伝えします。

◾ ブレンドは、リンクされたフィールドの値の数が多いと遅くなる

ブレンドするとき、リンクするフィールドの値の数が多いと、遅くなります。たとえば、3つの値をもつ「カテゴリ」と3つの値をもつ「顧客区分」から9つの組み合わせでリンクさせる場合は問題なく動作しても、2818人分の値をもつ「顧客Id」と1239日分の値をもつ「日付」の2つの列でリンクさせるとパフォーマンスが低下します。

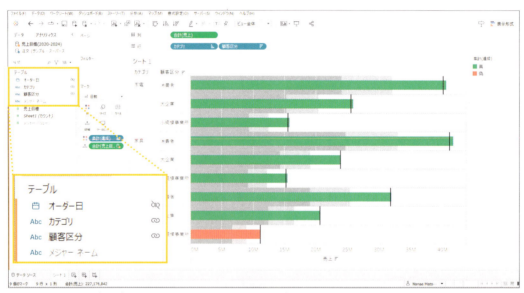

図2.2.5　セカンダリデータソースでリンクフィールドがついたフィールドの値の数が多いと遅くなる

◾ ブレンドではなくリレーションシップまたは結合ができるか検討する

複数のデータを同時に使用する際は、ブレンドよりもリレーションシップや結合を用いたほうがパフォーマンスが向上します。データの粒度が異なる場合でも、リレーションシップは柔軟に対応可能です。結合はブレンドしたいディメンションの粒度に集計した上で結合できないかを検討できます。その際、Tableau Prepを使用すると便利です。結合によって1つのデータにまとめることで、ブレンドがもつ各種制限もなくなるため、分析しやすくなるというメリットもあります。

フィールドの最適化

本節では、データの型、計算フィールド、関数などフィールドを最適化する方法を紹介します。

パフォーマンスに問題がある大きな原因の1つに、計算フィールドの作成方法が挙げられます。改善を試みると、計算フィールドを最初から作り直すしかないこともあります。効率的なフィールドの作成方法を頭に入れておき、すべてのアウトプットを、最初からパフォーマンスを考慮した設計にしましょう。

2.3.1 データ型の最適化

Tableauのデータ型には、数値（小数、整数）、日付（日付、日付と時刻）、文字列、ブールがありますが、データ型によってパフォーマンスは異なります。

■ データ型はブール＞数値（整数＞小数）＞日付（日付＞日付と時刻）＞＞文字列の順に速い

データ接続後、最初にTableauが各フィールドに判断したデータ型よりも適したデータ型がある場合は、それに変更します。

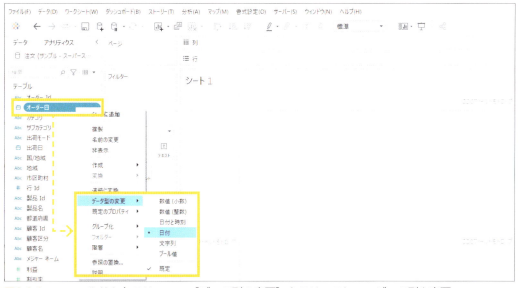

図2.3.1 フィールドを右クリック ＞ ［データ型の変更］をクリックして、データ型を変更

計算フィールドを作成する際は、必ず最適なデータ型となるよう意識しましょう。具体例を3つ示します。

■ 2択ならブール型と別名を使う

　計算フィールドで、ある条件を満たすかそうでないかの2択を表現する際は、迷わず最も高速なブール型を選択します。不連続かつディメンションである場合、値の名前には別名を使用できます。

　以下、「今月かどうか」を判定したいときの例を紹介します。

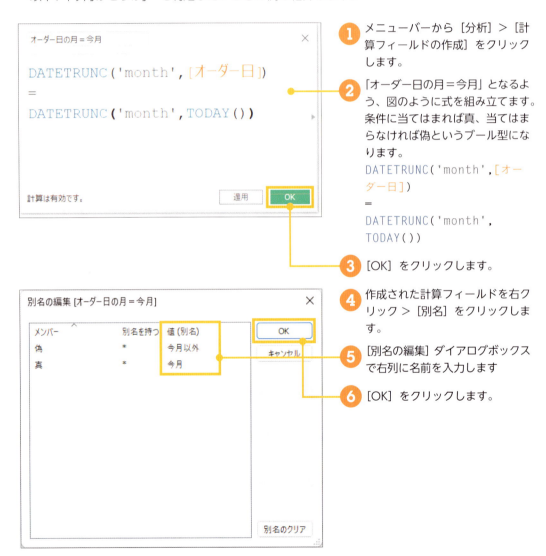

① メニューバーから［分析］＞［計算フィールドの作成］をクリックします。

② 「オーダー日の月＝今月」となるよう、図のように式を組み立てます。条件に当てはまれば真、当てはまらなければ偽というブール型になります。
```
DATETRUNC('month',[オーダー日])
=
DATETRUNC('month',TODAY())
```

③ ［OK］をクリックします。

④ 作成された計算フィールドを右クリック＞［別名］をクリックします。

⑤ ［別名の編集］ダイアログボックスで右列に名前を入力します

⑥ ［OK］をクリックします。

上記と同じことを文字型を使った図2.3.2 の計算フィールドでも表せますが、パフォーマンスの観点から避けたほうがよいでしょう。

図2.3.2　文字列型で名前を付けるおすすめしない例

ブール型でも、集計した計算フィールドはメジャーとなる場合、別名を付けることができません。名前を付ける必要がある場合は、文字列型の計算フィールドを使用しなければなりません。
たとえば、地域ごとの合計売上が2000万円以上かどうか判定する場合を考えてみます。地域ごとに集計するので計算結果はメジャーとなります。値に名前を付けたいときは、図のように式を記述することになります。

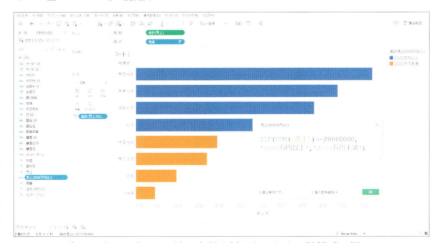
図2.3.3　ブール型のメジャーに値の名前を付けたいときの計算式の例

■ パラメーターをリストに分けるときは、文字列でなくブールや整数を使う

　文字列を選択してパラメーターを使いたいとき、パラメーターの値には数値を使用し、データ型は文字列でなく、2つの値ならブール、3つ以上の値なら整数を使用するようにします。

095

作成例は、3.3.2の「メジャーを切り替える」をご参照ください。「整数」で「1」「2」「3」の値に対して、「売上」「利益」「数量」という表示名を付与するパラメーターを作成することで、パフォーマンスを向上させています。

■ 文字列ではなく数値で計算する

数字の入った列を基にして、日付型に変更したり、一部を抜き出して新たな列を作成したりする必要があるかもしれません。その際、文字列型にして「N文字目からM文字分を抜く」といった処理を行うよりも、数値の計算を用いたほうが処理速度が速くなります。

数値型として8桁の数字（例：20201010）で表現される日付を表す列を、日付型に変換する例を紹介します。次のようにMAKEDATE関数を使って式を組み立てることで、数値と日付の計算だけで「2020/10/10」と表示することができ、文字列の計算を行う必要がなくなります。なお、%は割り算の余りを表します。

```
MAKEDATE(
INT([日付]/10000),
INT([日付]%10000/100),
[日付]%100
)
```

図2.3.4　MAKEDATE関数を使って、日付型に変更

MAKEDATE関数を使えないデータソースの場合は、DATEADD関数を使うのも1つの方法です。次の図の例は、1000/1/1を基準日として年・月・日を加算しています。たとえば、20201010という数値の場合、1000/1/1に1020年9月9日分を加算することで2020/10/10を作成します。最初のDATEADD関数では、100で割った余りを用いて下2桁を抜き出し、1を引いた値（=10-1）を、1日に加算します。次のDATEADD関数では、10000で割った余りを100で割ることで、右から3番目と4番目を抜き出し、1を引いた値（=10-1）を、1月に加算します。最後のDATEADD関数は、10000で割ることで4桁を抜き出し、1000を引いた値（=2020-1000）を、1000年に加算します。

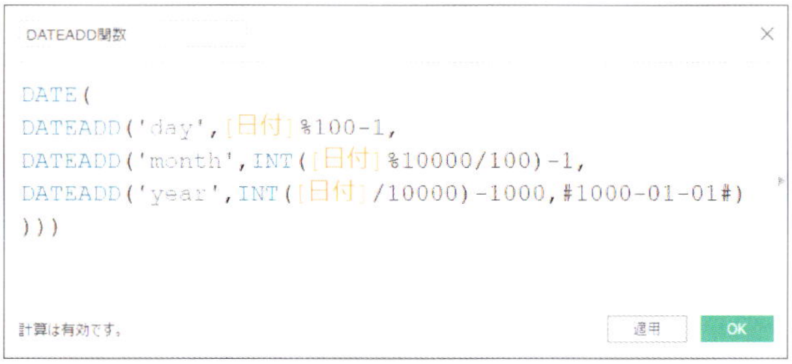

```
DATE(
DATEADD('day',[日付]%100-1,
DATEADD('month',INT([日付]
%10000/100)-1,
DATEADD('year',INT([日付]/
10000)-1000,#1000-01-01#)
)))
```

図2.3.5　DATEADD関数を使って、日付型に変更

　次に紹介するのは「文字を抜き出す」という、よく使われる文字列計算です。式の意味を理解しやすいですが、処理速度は遅くなってしまいます。左から4文字で年を、左から5文字目から2文字で月を、右から2文字で日を抜き出しています。

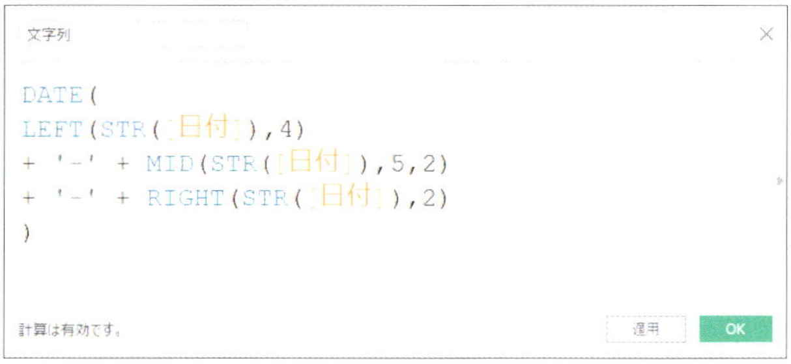

```
DATE(
LEFT(STR([日付]),4)
+ '-' + MID(STR([日付])
,5,2)
+ '-' + RIGHT(STR([日付]),2)
)
```

図2.3.6　文字列関数を使って、日付型に変更すると処理速度が遅い

2.3.2 計算フィールドの最適化

ここでは、効率的な計算フィールドの作り方を紹介します。

■ ELSE IFではなくELSEIFを使う

　IF文の中でさらにIF文を使いたい場合は、ELSEの後にIF文を追加するのではなく、ELSEIF文を使用できるか検討しましょう。これにより、IFが入れ子になってクエリが複雑になるのを回避できます。

　たとえば、「合計売上」と「合計利益」から「製品名」を分類する場合、図2.3.7のようにELSEIF文を用いて式を組み立てることで効率が向上します。図2.3.8のようにIF文の中でELSE IF文を使用すると複数のIF文を記述することになり、その分、複数の計算が実行されてしまいます。

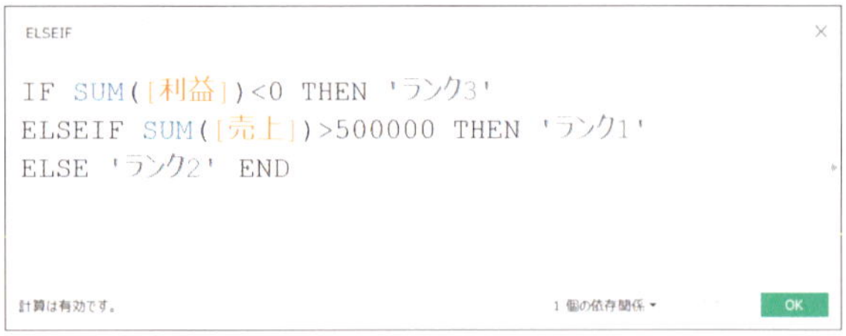

```
IF SUM([利益])<0 THEN 'ランク3'
ELSEIF SUM([売上])>500000 THEN
'ランク1'
ELSE 'ランク2' END
```

図2.3.7　IF文の中で条件分岐させるにはELSEIF文を使う

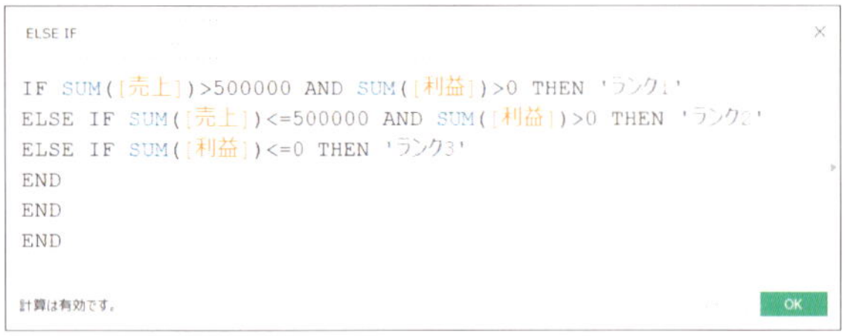

```
IF SUM([売上])>500000 AND SUM
([利益])>0 THEN 'ランク1'
ELSE IF SUM([売上])<=500000
AND SUM([利益])>0 THEN 'ランク2'
ELSE IF SUM([利益])<=0 THEN
'ランク3'
END
END
END
```

図2.3.8　図2.3.7と同じことを実現するのにELSE IFを使ったおすすめしない例

図2.3.9　「合計売上」と「合計利益」でランク付けされた製品

■ 冗長な式を書かない

　論理式は、冗長に書くと論理チェックが重複してしまい、パフォーマンスが悪くなる可能性があります。

　先ほどの例で見ると、ELSE IFの計算式はELSEIFの計算式と比較して冗長であることが一目瞭然です。できるだけ少ない指示で記述できるように式を組み立てることが重要です。

■ 計算フィールドへの参照を減らす

　計算フィールドを複数回参照することがないよう、計算式のロジックや関数を見直すことが大切です。元からデータソースに存在しているフィールドであれば、複数回参照しても問題ありません。

　例として、「都道府県」にある値から東京都の都や千葉県の県などの行政区分名である「都」と「府」と「県」を削除し、東京や千葉などの名称を抽出したい場合を考えてみます。パフォーマンスを考慮しないと、カスタム分割機能を駆使しながら、以下の計算式を書いていく人が多いでしょう。しかし、①の計算フィールドを②に利用し、さらに②を③に利用しているため、パフォーマンスの観点から効率が良いとはいえません。

①都道府県 - 県で分割
TRIM(SPLIT([都道府県], "県", 1))
②都道府県 - 府で分割
TRIM(SPLIT([都道府県 - 県で分割], "府", 1))
③都道府県 - 東京を抽出
IIF([都道府県 - 府で分割]='東京都', '東京', [都道府県 - 府で分割])

　そこで、正規表現を使用して次のように式を組み立てると、元のデータソースのフィールドを一度だけ参照するシンプルかつ効率的な計算式にまとまります（図2.3.10）。正規表現の使用については、2.3.3を参照してください。

図2.3.10　都道府県名の末尾から「都府県」を削除する正規表現

2.3.3 関数の最適化

関数を使用する際は、細かい配慮の積み重ねが全体のパフォーマンスに影響します。

■ COUNT関数で集計できるのならCOUNTD関数を使わない

COUNTD関数は、固有の値の数を集計する関数です。COUNTD関数は負荷の高い処理であるため、計算フィールドの中で使用するとパフォーマンスが低下します。そこで、COUNT関数でも同じ値を得られる場合はCOUNT関数を使用し、COUNTD関数の使用はなるべく少なくしましょう。

■ FIND関数ではなくCONTAINS関数を使う

FIND関数は指定した文字が何文字目にあるのかを返し、指定した文字がなければ0を返す関数です。一方、CONTAINS関数は、指定した文字を含むかどうかを返す関数です。

「指定した文字があるかどうか判定」するだけで十分な場合は、FIND関数ではなくCONTAINS関数を使用したほうがパフォーマンスが向上します。

「製品名」に「充電器」という文字が含まれるかどうかを判定する計算式の例を見てみましょう。

図2.3.11　CONTAINS関数を使って、「製品名」に「充電器」が含まれるかどうかを判定

参考までに、「製品名」に「充電器」という文字が何番目かにあるかどうかを返す、FIND関数の例を図2.3.12に示します。

FIND([製品名],"充電器")>0

図2.3.12 FIND関数を使う必要があるかどうかは、よく検討しよう

■ 複雑な文字列処理は正規表現の使用を検討する

　文字列処理をIF文やCONTAINS、MIDなどの関数を使って長い式で書くとき、これを<u>正規表現</u>という文字列の検索や置換ができる一般的な表現で代替できることがあります。正規表現を使用すると、複雑な文字列計算を短く効率的な処理にすることが可能です。また、2.3.2で記載したように、計算フィールドを繰り返すことを防ぐ効果もあります。

　データソースに元々存在するフィールドでも、文字列の計算は処理が重いので、図2.3.13のような計算式よりも、図2.3.10のようなシンプルかつ効率的な計算式のほうがパフォーマンスは向上します。正規表現を使わないほうが人間には理解しやすいですが、パフォーマンスを考慮して正規表現を取り入れてみることをおすすめします。なお、正規表現の書き方は、調べて学ぶ他、生成AIを活用すると求める表現が素早く手に入ります。

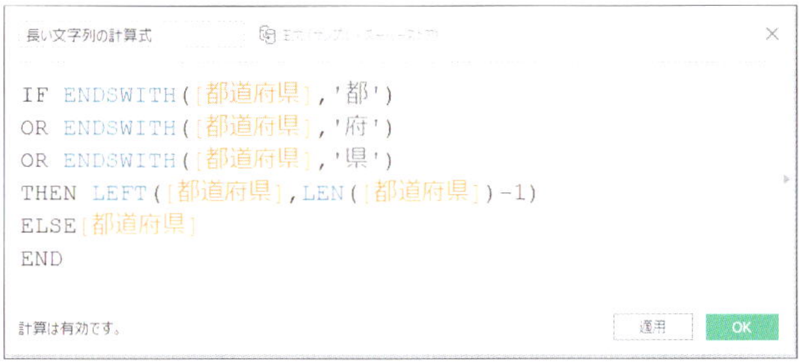

```
IF ENDSWITH([都道府県],'都')
OR ENDSWITH([都道府県],'府')
OR ENDSWITH([都道府県],'県')
THEN LEFT([都道府県],LEN([都道府県])-1)
ELSE[都道府県]
END
```

図2.3.13 都道府県の名前の最後から「都府県」を除く文字列処理は、正規表現と比較して効率が良くない

■ MIN関数やMAX関数で用が足りるのなら、ATTR関数を使わない

ATTR関数は、値がすべて同じであればその値を返し、複数あれば「*」を返す、集計関数です。日本語では「属性」と表示されます。ATTR関数の内部では、次の計算フィールドにあるような式が動作しています。

```
IF MIN([ディメンション])=MAX
([ディメンション])
THEN MIN([ディメンション])
ELSE "*"
END
```

図2.3.14　ATTR関数が行っている処理

図2.3.15では、「行Id」を売上順に並べました。「顧客Id」を［ツールヒント］にドロップすると、「属性(顧客Id)」と表示され、ATTR関数が使用されます。ツールヒントに入れるディメンションは集計が必要なので、ATTR関数で集計されているのです。各「行Id」には、1つの「顧客Id」のみ存在するので、ATTR関数でもMIN関数でもMAX関数でも結果は同じになります。この例のように、ATTR関数を使わずにMIN関数やMAX関数を使用できる場合は、MIN関数やMAX関数を使ったほうが処理速度が速くなります。

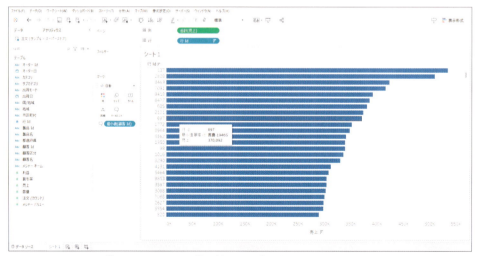

図2.3.15　ATTR関数ではなくMIN関数を使って、「顧客Id」をツールヒントに表示した例

その他、ATTR関数が使用されるのは、1つの計算フィールド内で集計と非集計を混在させることができないため、非集計のまま扱いたいほうを便宜上集計させるときです。この場合も、MIN関数やMAX関数で代用できるか検討しましょう。

■ MIN関数やMAX関数で用が足りるのなら、AVG関数を使わない

AVG関数よりも、MIN関数やMAX関数のほうが処理速度が速いです。各行に同じ値が入っていてその値を表示する場合は、MIN関数かMAX関数を使いましょう。また、どちらかに統一して使用することでキャッシュが効果的に機能するため、さらに効率が向上します。

■ YEAR関数やMONTH関数を複数個使うのなら、DATETRUNC、DATEADD、DATEDIFF関数を使う

日付に関する計算は遅くなりがちです。複数の日付関数、たとえばYEAR関数とMONTH関数を組み合わせて使う場合は、指定の日付レベルで切り捨てるDATETRUNC関数や、加算や減算を行うDATEADD関数、日付間の差異を計算するDATEDIFF関数を使用するほうが、クエリの複雑さを大幅に軽減することができます。

たとえば、月次で「地域」ごとの「合計売上」を平均するには、図2.3.16のように「年月日」までもつデータを「年月」までにまとめられるDATETRUNC関数を使用できます。図2.3.17のように、YEAR関数とMONTH関数に分けて式を組み立てることで同じ結果を得ることはできますが、処理効率が低下してしまいます。

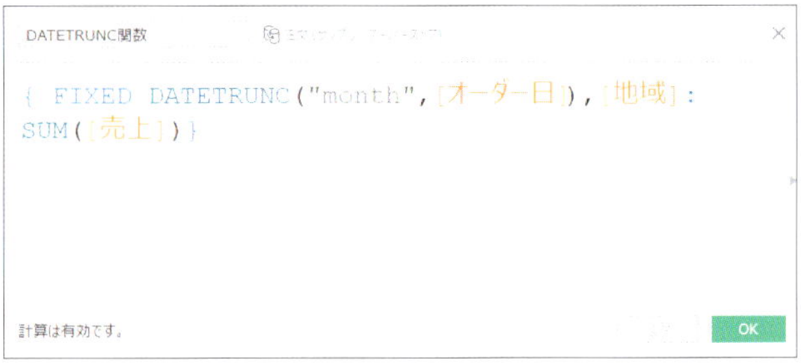

```
{ FIXED DATETRUNC("month",
[オーダー日]),[地域] :
SUM([売上])}
```

図2.3.16　DATETRUNC関数を使用した例

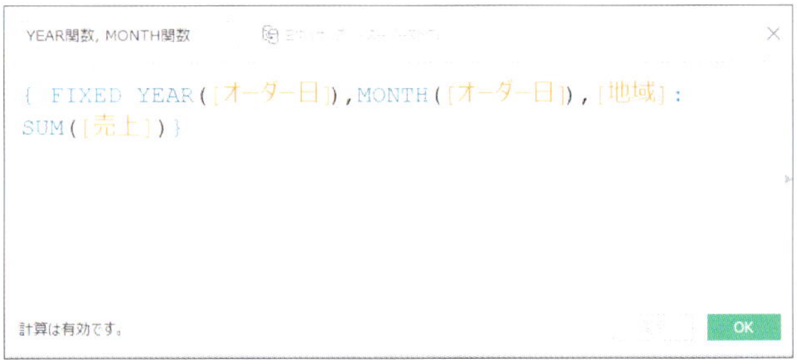

```
{ FIXED YEAR([オーダー日]),
MONTH([オーダー日]),[地域] :
SUM([売上])}
```

図2.3.17　YEAR関数とMONTH関数に分割した例

■ 詳細レベルの式（LOD式）と表計算は、どちらもより速いこともより遅いこともある

　LOD式と表計算は、どちらの方法でも同じ結果を得られることがあります。同じ結果が得られても計算される場所は異なり、LOD式はデータソース側、表計算はTableau側で計算されます。双方で実現可能な場合、LOD式が原因で遅いと感じたら表計算に置き換え、またその逆も試してみることをおすすめします。ただ、LOD式のほうが表示速度が遅いことが多いです。

■ 1つのビューで多くのLOD式や表計算を使わない

　LOD式や表計算の多用は、パフォーマンスに悪影響を及ぼすことがあります。データ側で事前に集計したり、表計算の数を減らしたりといった工夫を検討することが大切です。また、LOD式や表計算で実現できることは、フィルターアクションやTableau Prepのデータ準備で代替できる場合もあります。

■ 外部サービスへ式を渡すと遅くなる

　外部サービス（R、Python、MATLABなど）と連携すると、パフォーマンスの低下は避けられません。操作のたびに計算を実行する必要がない場合は、外部サービスで処理済みの出力ファイルに接続することをおすすめします。

■ ユーザーフィルターは遅くなる

　Tableau Server・Tableau Cloudにパブリッシュした際、サインインするユーザーによって見せる行をコントロールできます。ただし、ユーザー関数（USERNAME関数とISMEMBEROF関数など）やセットを使ったユーザーフィルターを使用すると、パフォーマンスが低下します。ユーザー間でキャッシュが共有されず、Tableau Serverの負荷も上昇してしまいます。

　ユーザーフィルターの代替として、データソースやワークブックを分けてパーミッションで制御したり、ライブ接続でデータソース側のパーミッションを利用したりすることを検討するのがよいでしょう。

2.3.4 フィールド数は最小限に

　データ量は少ないほうがパフォーマンスは良くなるので、不要な計算フィールドを作成しないようにするべきです。ここでは、よくある不要な計算フィールドの例を紹介します。

■ 複製する必要のないフィールドは複製しない

［データ］ペインに表示されるフィールドに設定されている、ディメンション・メジャーと、連続・不連続の種類は、あくまでもデフォルトの設定です。ビューに表すときにデフォルトとは異なる設定を指定できるので、別の設定をデフォルトにしたフィールドを追加する必要はありません。不要なフィールドが増えていくことでも、パフォーマンスが低下したり、フィールドが多過ぎて作業しづらくなったりといった悪影響が生じます。

たとえば、「オーダー Id」は各 Id そのものを表現する場合もあれば、「オーダー Id」の数を数えたいこともあるでしょう。後者で使用する場合も、「オーダー Id」は「ディメンションで不連続」のままで問題ありません。フィールドを複製して設定を変える必要はなく、変更はビュー上で行えます。

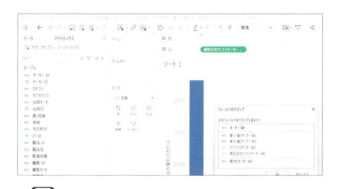

① Windows の場合は「オーダー Id」を右クリックしながら、［行］にドロップします。macOS の場合は［Option］キーを押しながらドロップします。

② ［フィールドのドロップ］で集計方法を選択できます。

MEMO もしくは、「オーダー Id」を［行］にドロップします。ドロップしてから、そのフィールドを右クリック ＞［メジャー］＞［カウント（個別）］をクリックします。この方法では、「オーダー Id」の持つ Id 数が多い場合、［行］に表示するときに時間がかかります。

■ 必要のない計算フィールドを作らない

元のフィールドを使って簡単に計算できることを、計算フィールドで作成しないようにします。たとえば、「オーダー Id」の個別のカウント数は、先ほど紹介した手順のように簡単に算出できます。次の図のような別の計算フィールドを作成する必要はありません。

図2.3.18　必要のないフィールドの例

■ 使わないフィールドをシェルフに入れない

　ビューとツールヒントに必要ないフィールドは、シェルフからすべて削除します。不要なフィールドも含めてクエリが実行されてしまい、パフォーマンスが低下してしまいます。

2.3.5 Tableauが用意した機能の活用

　Tableauが用意している機能があれば、計算フィールドで作成するよりもその機能を使用したほうがパフォーマンスは向上します。グループ、セット、ビン、カスタム日付、別名、結合済みフィールド、結合セットはすべて、計算フィールドより処理速度が速いです。制限事項に引っ掛からない限り、これらの機能を活用しましょう。

フィルターの最適化

フィルターはその種類と使い方によって高速化することもありますが、パフォーマンスが低下する大きな原因の1つでもあります。フィルターがかかる順序を把握し、早い段階でフィルターしてデータ量を減らすことが、パフォーマンスの向上に効果的です。パフォーマンスを低下させるフィルターの使い方を理解し、そのような使い方をしていた場合は別の方法でフィルターするなど、柔軟に対応することをおすすめします。

2.4.1 フィルターの順序

　Tableauには複数のフィルターが用意されています。各種フィルターに加え、特殊な計算、アナリティクス、ブレンドの処理の順番は、下図の通りです。

フィルター	計算、アナリティクス、ブレンド
抽出フィルター	
データソースフィルター	
コンテキストフィルター	
	セット、上位N、FIXED（LOD式）
ディメンションフィルター	
	INCLUDE（LOD式）、EXCLUDE（LOD式）、ブレンド
メジャーフィルター	
	表計算関数、予測、総計
表計算フィルター	
	リファレンスライン、傾向線

（処理の順番）

図2.4.1　フィルターがかかる順序

　順番に見ていきましょう。抽出フィルターでは抽出するデータ量を削減でき、その次のデータソースフィルターではワークシートに流すデータソース全体の量を削減できます。それぞれのワークシートで設定するコンテキストフィルターは、シートで最初に処理するフィルターです。［フ

107

ィルター］シェルフに配置される他のフィルターはすべて、コンテキストフィルターの後に処理
されます。ディメンションフィルターとメジャーフィルターは、ディメンションまたはメジャー
のフィールドでフィルターする、最も使用頻度の高いフィルターです。表計算フィルターは、表
計算関数を含めた計算フィールドを使ったフィルターです。

2.4.2 フィルターシェルフに入れるフィルターの最適な活用

　ワークシートの［フィルター］シェルフにドロップできるフィルターは、主にディメンション
フィルターとメジャーフィルターになりますが、これらはパフォーマンスを低下させる使い方に
なりやすいです。パフォーマンスと操作性はトレードオフになることがあるということを覚えて
おきましょう。

■ 値の列挙を必要とするフィルターをビューに多数表示しない

　フィルター条件を簡単に変更できるように、ビュー上にフィルターを表示できますが、たくさ
ん表示させればさせるほどパフォーマンスは低下します。さらに、これが不連続な値を並べる必
要がある選択タイプのものだと値の名前を取得する分、処理速度が遅くなります。並べる値の数
が多ければ、さらに大きな影響が出ます。このため、値の名前を取得する必要がないワイルドカ
ード一致や相対日付などのタイプをできるだけ選択しましょう。

　フィルターを表示するために値の名前を取得する必要があるものは、次になります。

・ディメンション：リスト、ドロップダウン、スライダーの値
・日付やメジャー：最小値と最大値

　次の図2.4.2は、値の名前を取得して列挙するフィルターが多数あるので、パフォーマンスの観
点からは好ましくはありません。図2.4.3で、値の名前を取得する必要がないタイプも列挙してお
きます。具体的には、カスタムリスト、ワイルドカード一致、相対日付、期間参照日付がこれに
当てはまります。

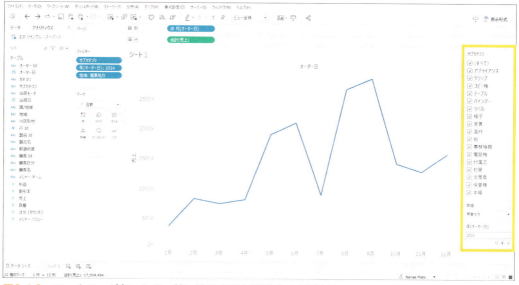

図2.4.2 フィルターが多いとき、特に値の名前を列挙する表示方法のとき、遅くなる

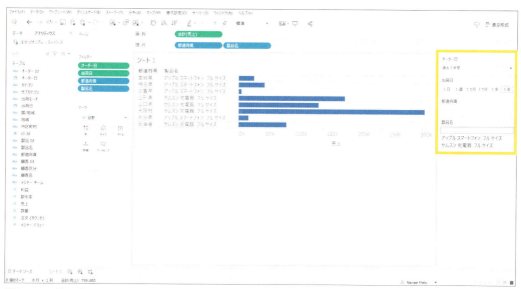

図2.4.3 値の名前を取得する必要がないタイプ

■ 除外を使わない

　ディメンションフィルターでは、選択した値を「除外」できます。しかし、「除外」を行う前にそのディメンションのすべてのデータを読み込む必要があるので、処理速度が低下します。パフォーマンスの観点から考えると、「除外」はなるべく使用しないようにすることが推奨されます。

図2.4.4　「除外」するフィルターはできるだけ使わない

■ マーク数が多いときはビュー上で選択するフィルターではなく、他のフィルターを検討する

　地図や散布図などは、マーク数が非常に多くなることがあります。マーク数が多いビュー上で、マークを選択して「保持」や「除外」のフィルターをかけると処理速度が低下します。このような場合は、表示されたマークの粒度より粗い分類やメジャーでフィルターすることを検討します。

　たとえば「住所」レベルで表示しているときは、「市区町村」や「都道府県」など多くの住所をまとめたディメンションでフィルターをかけたり、「緯度」・「経度」や「人口」など値の範囲でフィルターをかけたりするほうが、処理が効率的になるため、高速化が期待できます。

図2.4.5 多くのマークをフィルターしたいときは、より粗い分類や値の範囲でフィルターすることを検討する

■ 関連値のみを使わない

　複数のフィルターを設定しているとき、他のフィルター条件を満たした値のみ表示する「関連値のみ」を利用すると確かに便利です。しかし、フィルターを変更するたびに関連値のみを設定したフィルターで表示する値を更新するクエリが実行され、クエリ量が増大するため、処理速度が低下します。

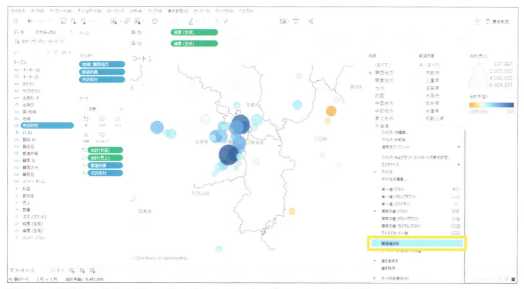

図2.4.6 関連した値のみ表示すると使いやすいが、パフォーマンスの低下を招く

111

■ 複数選択なら適用ボタンを入れる

　複数の値を選択できるフィルターを使用すると、値を変更するたびに更新待ち時間が発生することがあります。複数のシートにフィルターを適用している場合、この問題がさらに顕著になります。解決策として、選択の変更を終えてから更新させる[適用]ボタンを使用する、という方法があります。[適用]ボタンは、フィルターの選択設定を終えてから更新を行うので、都度発生していた負荷を減らし、操作の利便性を向上させます。[適用]ボタンを表示するには、表示したフィルターの右上にある[▼]をクリックし、[カスタマイズ]＞[適用ボタンを表示]をクリックします。

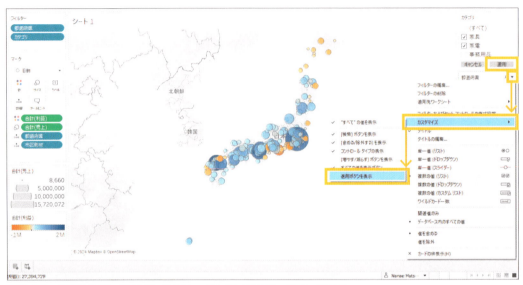

図2.4.7　[適用ボタンを表示]をクリックして[適用]ボタンを表示

■ 不連続ではなく連続にする

　数値や日付は、不連続でも連続でも使えることがあります。どちらでも使える場合は「連続」にして、値を範囲で指定するようにします。「不連続」は値のリストを取得する処理に時間がかかりますが、「連続」は単純なクエリで処理できるので、パフォーマンスが良くなります。

112

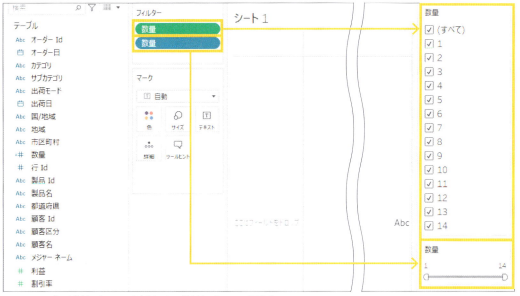

図2.4.8 「不連続データ(上)」と「連続データ(下)」

■ 日付フィルターは、相対日付＞日付の範囲＞＞不連続の順で速い

　日付フィールドで指定できるフィルターの種類は、他と異なります。日付フィルターでもできるだけ連続の日付である、相対日付もしくは日付の範囲を使います。相対日付は、日付の範囲よりもさらに高速です。不連続の日付フィルターを使用すると、大幅にパフォーマンスが低下することがあります。

図2.4.9 日付フィールドをフィルターに使用する際は、連続的に表現される日付をできるだけ選択する

113

■ クロスデータソースフィルターを使わない

　異なるデータソースに対してフィルターする、クロスデータソースフィルターを使用すると処理速度が低下します。クエリの数が増加するためです。パフォーマンスの観点から、なるべく使用しないようにすることが推奨されます。どうしても必要で、複数選択する場合は[適用]ボタンを付けましょう。

■ フィルターの影響先を少なくする

　フィルターが適用されるシートが多ければ多いほど負荷が上がり、処理速度が低下します。ただし、表示されていないシートは更新されません。

　どのシートにフィルターを適用するかは、[フィルター]シェルフのピルをクリック ＞ [適用先ワークシート] から選択できます。必要に応じて設定を変更してください。

図2.4.10　[適用先ワークシート] から、フィルターを適用するシートを選択できる

2.4.3 アクションとパラメーターでの代用

　[フィルター] シェルフに入れるフィルターの代わりに、フィルターアクション、パラメーターアクション、セットアクションやパラメーターで同等の絞り込みができる場合があります。これらを活用することでクエリの数が減少することが多く、処理速度が向上します。

　ここでは「地域」ごとにフィルターする場合を例に、ディメンションフィルターをフィルターアクションで代替する例を紹介します。ディメンションフィルターを使用する場合、図2.4.11のように「地域」のリストをビューに表示させます。一方、フィルターアクションを使用する場合、図2.4.12のようにフィルターとなるビューを配置し、そのシートを選択することでフィルターがかかるようになっています。この例よりもシート数が多かったりビューが複雑だったりするとき、

フィルターの違いがパフォーマンスに影響します。

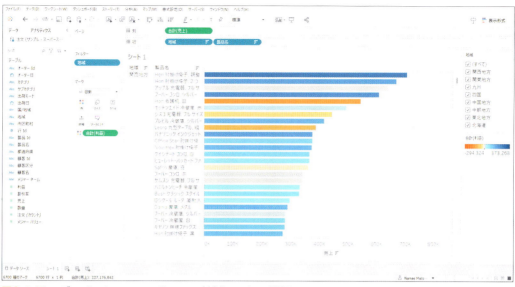

図2.4.11　ディメンションフィルターの地域リストで選択している

図2.4.12　フィルターアクションで「地域」シートをクリックして選択している

表2.4.1にディメンションフィルターの代わりに使える、フィルターアクション、セットまたはセットアクション、パラメーターまたはパラメーターアクションの特徴の一覧を示します。[フィルター]シェルフに配置するフィルターの代替手段として最も使いやすいのはフィルターアクションです。セットやパラメーターは、フィルター以外にも活用できることが特徴的です。

表2.4.1　フィルターとして活用できるテクニックの特徴

	フィルターアクション	セットまたはセットアクション	パラメーターまたはパラメーターアクション
選択する場所	ビュー	ビュー、セットの表示（リストやドロップダウン等）	ビュー、パラメーターの表示（リストや入力等）
選択する値	複数可	複数可	単一。パラメーターアクションでは、ビュー上で複数の値を選択することは可能
フィルター以外への活用	不可	可能	可能

デザインの最適化

表現方法によって表示速度は変化します。全体として、シンプルなグラフを作成することが重要です。ワークブックには多くの要素を詰め込み過ぎないようにします。求める答えを導き出す方法として、計算式を駆使するだけでなく、シート間の連携で実現させることも視野に入れましょう。大きな区分から詳細に落とすようにすると、パフォーマンス面での改善に加え、問題を発見しやすくなるというメリットがあります。

2.5.1 ビジュアル表現で考慮すること

ここではビューでのデータの見せ方に関して、パフォーマンスの観点で注意することをご紹介します。

■ マーク数を減らす

マーク数とは、ビューに描画された一つ一つの要素の数のことです。散布図なら円の数、棒グラフなら棒の数を指します。シート選択時に、画面左下のステータスバーでマーク数を確認できます。1つのダッシュボードに含める各シートのマーク数の合計が多くなり過ぎないように注意が必要です。マーク数が多いとその分、ビューを表示させるレンダリングに必要なCPUやメモリが多く必要になるためです。

マーク数が多くなりやすいのは、クロス集計と散布図です。上位レベルで集計して表示するか、フィルターして表示数を減らすような設計が望ましいです。マーク数の削減は、パフォーマンスに大きく貢献します。

図2.5.1　ステータスバーに表示されるマーク数

117

■ 多角形ではなく、円など1つの点で表す

　多角形で描画すると、処理が複雑になります。多角形の例としては、地図なら色塗りマップ、背景マップの上での多角形表現などが該当します。色塗りマップの場合、円で表すシンボルマップで代用するなど、他の表現ができないか検討することをおすすめします。

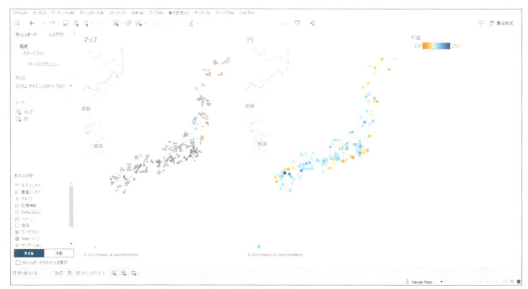

図2.5.2　色塗りマップはシンボルマップでの代替を検討しよう

■ 複雑に作り込んだグラフは避ける

　サンキーダイアグラム、ネットワーク図、コードチャート、複雑な曲線などの変わったグラフを作り込むと、多くの場合、処理が重くなります。これはマーク数が多かったり、表計算やLOD式を使ったりすることが多いためです。その一方で、知りたいことを表現するのに最適なグラフなのかというと、疑わしい場合があります。複雑にせず、誰もが理解しやすいシンプルな表現を採用することが大切です。

2.5.2 ワークブック内で実現可能なさまざまな削減

　ワークブックに含めるものの数と容量を減らすと、パフォーマンスが向上することがあります。

■ ワークブック内のシート、ダッシュボード、データソースの数を減らす

　1つのワークブックに含めるシートの数、ダッシュボードの数、データソースの数は少ないほど処理速度が向上します。不要なものは削除しましょう。増えてしまった場合は、複数のワークブックに分割します。

Tableau Server・Tableau Cloudにパブリッシュすれば、異なるワークブックでも各ビューのURLを指定しておくことで、ワンクリックで移動できます。ワークブックに詰め込み過ぎないことで、結果的に整理されて使いやすくなるというメリットも生まれます。

■ **ダッシュボード上のシートやオブジェクトの数を減らす**

1つのダッシュボードに含めるシートやオブジェクトの数は、少ないほど高速に動作します。図表は4つ程度に抑えることをおすすめします。ワークシートが多いほど、マーク数は増加し、ビューを表示するためのレンダリングに時間がかかります。

■ **表示するタブ数を減らす**

Tableau Server・Tableau Cloudにパブリッシュした際、タブ表示にすると、そうでない場合よりも表示に時間がかかります。すべてのタブを対象にプリプロセスが実行されるためです。タブ表示の場合も、表示する必要のないシートは削除するか非表示にするとよいでしょう。

2.5.3 ダッシュボードにおける分析の流れ

複数シートを組み合わせると、シンプルなクエリにできたり、レンダリングの負荷を下げられたりできます。同時に、データから気づきを得やすくなります。

■ **フィルターアクションは「すべての値を除外」を活用する**

マーク数が多いビューを表示する際は、フィルターアクションを利用して［選択項目をクリアした結果］を［すべての値を除外］に設定します。ドリルダウンするためのビューを選択するまでシートにビューが表示されないため、パフォーマンス面で優れた設定です。

図2.5.3 ［フィルターアクションの編集］画面

■ 大きな分類から詳細へ

　知りたい情報の粒度が細かい場合、一度にすべてを表示するのではなく、別のディメンションで作ったシンプルなシートからドリルダウンする設計を検討します。これによりシンプルな命令のクエリ文が生成され、表示するマーク数が減ります。

　たとえば、製品名や顧客名の情報が必要な場合は、一度に表示せずに異なる粒度のシートからドリルダウンするようなデザインにします。図2.5.4を例にして考えてみましょう。

- ①をクリックすると、①で②・③・④をフィルターし、製品名・顧客名は非表示
- ②をクリックすると、②で③・④をフィルターし、製品名・顧客名は非表示
- ③をクリックすると、③で④をフィルターし、製品名・顧客名は非表示
- ④をクリックすると、④で製品名・顧客名をフィルターして表示
- ④のフィルターをクリックするまでは、マーク数の多い製品名と顧客リストを表示しない、「すべての値を除外」を活用

　リストなどで表示するディメンションフィルターではなく、ビューをクリックしてフィルターするフィルターアクションを使用すると、フィルター部分でも可視化しながら掘り下げられるので、分析の「気づき」が増えます。

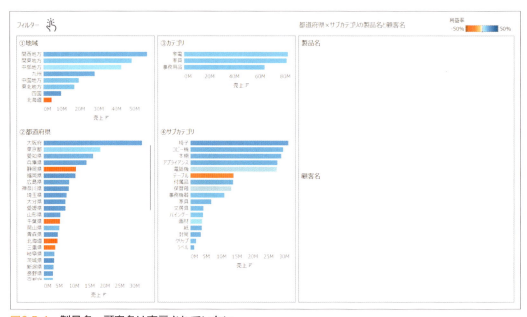

図2.5.4　製品名・顧客名は表示されていない

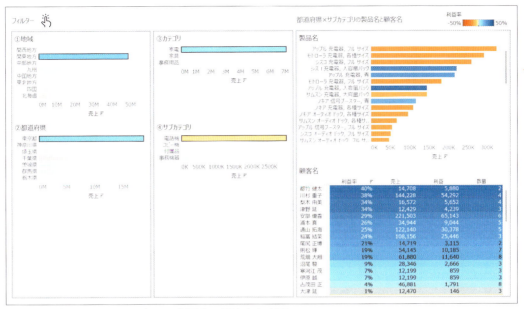

図2.5.5 ④をクリックして初めて製品名・顧客名を表示

■ ダッシュボードのサイズは固定にする

　Tableau Server・Tableau Cloudにパブリッシュする際は、サイズを固定にしましょう。すべてのユーザーの表示サイズを同一にすることで、キャッシュを効きやすくします。キャッシュが使えれば、体感スピードが格段に向上します。

■ ダッシュボードは複数に分ける

　1つのダッシュボードに多くのシートを入れることはせず、情報を複数のダッシュボードに分けることを心がけましょう。一度に多数のクエリとレンダリングの処理が実行されないようにすることができます。

　フィルターアクションを使用すると、選択したターゲットシートにフィルターを適用しながら移動できます。たとえば、ビジュアル分析でデータを絞り込んだ後、ビューで特定の項目を選択することで、そのフィルター条件が反映されたクロス集計を含む別のダッシュボードに移動する、という設計はよくあります。

　また、単にシートを移動する場合は、「シートに移動」というアクションや、オブジェクトの「ボタン」を使用することができます。

作業効率

ワークブックの作成段階では、操作の効率性は重要です。作業中は扱いやすい量のデータを使い、展開段階でデータを増やしたり差し替えたりすることも可能です。元データを確認する際も、速く表示できる方法を探ります。慣れてきたら、操作スピードを短縮できる方法を取り入れてみましょう。

2.6.1 作業時に対象とするデータの工夫

　ワークブックの作成段階においては、本番で展開するデータを必ずしもそのまま使う必要はありません。大容量データを扱う際や、遅いデータベースにライブ接続して作業する場合には、接続の仕方を考慮する必要があります。

　作成段階ではフィルターを使用して小さいデータで作業し、展開前にフィルターを外して使う方法も有効でしょう。抽出接続の場合は、抽出フィルターを使ってフィルターやサンプリングでデータ量を絞り込むことができます。ライブ接続の場合は、データソースフィルターを活用します。

　データ量が小さいサンプルデータが別にある場合は、それを使って作成し、本番データに「置換」することも考えられます。

　遅いデータベースにライブ接続することが決定している場合は、抽出接続で作業を行い、展開前にライブ接続に切り替えるという方法もあります。

2.6.2 データ確認の効率

　データソースに接続すると、［データソース］タブでは、画面下部でデータのプレビューを表示できますが、表示させないままでもシートに進めます。

　シート作成時にデータソースを確認したい場合は、［データソース］タブに移動せずに、シート左上の［データの表示］を使用します。

図2.6.1 ［データの表示］をクリック

さらに、各フィールド内のメンバー（たとえば「カテゴリ」なら家具、家電、事務用品）を確認したい場合は、ビューに表示させるのではなく、フィールドを右クリック ＞ ［説明］ ＞ ［読み込み］をクリックしたほうがより速く確認できます。

2.6.3 ビュー作成の効率

シートでビューを作成する際に、作業効率を上げる方法を紹介します。

■「自動更新の一時停止」を使う

ビューで操作するたびにクエリが実行されるので、クエリの処理が重い場合はビューが表示されるまで待たされることになります。

そこで、操作のたびにビューを変化させない「自動更新の一時停止」が有効です。更新を停止している間に操作を行うと待ち時間は一切なくなり、ビューは白くなって変化しなくなります。慣れてきたら、この状態でも数ステップの操作が可能になるでしょう。

図2.6.2 ［自動更新の一時停止］をクリック

[自動更新の再開] をクリックすると、たまっていた数ステップ分のクエリが実行され、ビューが表示されます。

■ 先にフィルターに入れてから操作する

シート上でフィルターしようと考えている場合は、ビューを作成する前に、フィルターを適用します。これにより、データ量を減らして描画することができます。

■ 右クリックでフィールドをドラッグする

デフォルト以外の集計方法や表示タイプを使用する際は、2.3.4の「複製する必要のないフィールドは複製しない」に記載した、より簡略な操作手順を習慣化するとよいでしょう。フィールドのドロップに続けて集計タイプを指定できるため、数回のクリック操作を短縮できます。メジャー、ディメンション、日付フィールドやセットなど、さまざまなフィールドで利用できます。

■ [Ctrl] キーを押しながらドロップすると、複製したフィールドを配置できる

フィールドをシェルフに配置してから、そのコピーを別のシェルフにワンステップで複製して配置できます。たとえば、列にあるフィールドを、色にも配置したい場合です。表計算や書式設定などを設定したとき、同じ作業を繰り返す必要がなくなるので効率的です。Windowsの場合は [Ctrl] キーを押した状態で、macOSの場合は [Command] キーを押した状態でドラッグアンドドロップします。

■ 簡単な計算はシェルフ上で書く

シェルフ上でダブルクリックして計算式を入力できます。メニューバーから [分析] > [計算フィールドの作成] をクリックという手順をふまずに素早く計算できます。これは、アドホック計算と呼ばれます。簡単な式の作成や、試しに結果を確認したいとき、検算したいときなどに便利です。

そのピルを [データ] ペインにドロップすれば、1つの計算フィールドが生成され、他に流用しやすくなります。

■ ショートカットキーを使う

PCの一般的な操作で使われるようなショートカットキーを、Tableauで活用することができます。

Windowsの場合、代表的なショートカットキーとして、次のようなものがあります。

・[Ctrl] ＋ [z] キー：元に戻す
・[Ctrl] ＋ [y] キー：元に戻した操作をやり直す
・[Ctrl] ＋ [s] キー：「ワークブックの保存」
・[F5] キー：データソースの更新

　この他にも多数のショートカットキーが用意されています。詳しくはTableau社のヘルプを参照してください。作業効率を向上できるので、ショートカットキーは積極的に活用しましょう。

パフォーマンス向上　〜スピードを上げる〜

パフォーマンスのチェック

ワークブックを作成する際は、パフォーマンスに配慮しつつ、理想的な設計を目指すことが重要です。「パフォーマンスオプティマイザー」を利用すると、ベストプラクティスのガイドラインに従っていない項目がリストアップされます。また、遅いダッシュボードを改善する際には「パフォーマンスの記録」機能を活用し、最も改善効果が大きい箇所から改善していくと効率的です。

2.7.1 ワークブックオプティマイザー

　ワークブックオプティマイザーとは、パフォーマンスの観点でワークブックがどの程度最適化されているかを把握できる機能です。作成したワークブックに対してパフォーマンスの一般的な推奨事項と比較し、要件を満たしていない項目を簡単にわかりやすくチェックすることができます。ただし、一般的な概念なので作成中のワークブックに対して必ずしも適切な考慮点であるとは限らず、すべてを網羅しているわけではないことに注意しましょう。

　メニューバーから［サーバー］＞［Optimizerを実行］をクリックすると、ベストプラクティスをチェックした結果が表示されます。赤い注意マーク⚠の「アクションの実行」や黄色い注意マーク⚠の「レビューが必要です」をクリックすると、確認すべき項目とその対応方法が表示されます。

図2.7.1　ベストプラクティスのチェック結果の例

2.7.2 パフォーマンスの記録の使い方

「パフォーマンスの記録」機能を使用すると、記録している間に実行された主要なイベントと、その所要時間とクエリを確認できます。イベントとは、抽出の作成やクエリの実行など、処理内容のことを指します。定量的に遅い理由を把握できるので、改善の優先順位付けに活用すれば確実な効果を期待できます。Tableau DesktopだけでなくTableau Serverでも記録できます。

1 メニューバーから［ヘルプ］＞［設定とパフォーマンス］＞［パフォーマンスの記録を開始］をクリックします。

2 画面遷移したり、フィルターを変更したり、処理が重いと感じた操作をいくつか行います。

3 メニューバーから［ヘルプ］＞［設定とパフォーマンス］＞［パフォーマンスの記録を停止］をクリックします。

記録を停止すると数秒後に、パフォーマンスの記録結果を示すワークブックが立ち上がります。

> **MEMO**
> パフォーマンスの記録を取るときは、他のワークブックやアプリケーションを閉じて、他からの影響を受けない環境を整えておくのが理想です。Tableau Desktopが入ったマシンを再起動しておくと、さらに理想的な状態になります。再起動すると処理速度が向上する場合もあります。
> 環境の条件をそろえたり変化させたりして、同じ操作で数回記録を取ると、より納得感のある結果を得られます。

2.7.3 パフォーマンスの記録で作成される結果の見方

「パフォーマンスの記録」に結果に表示されるダッシュボードは、大きく4つの要素で構成されています。図2.7.2と合わせてご覧ください。

❶ 画面上部のスライダーは、これより下の画面で表示させるイベントに対して、実行時間でフィルターをかけることができます。

❷ 「Timeline（タイムライン）」のビューでは、ワークブックを開いてからの経過時間を軸に、イベントの発生時間をガントチャートで表現します。

❸ 「Events Sorted by Time（処理時間順のイベント）」のビューでは、経過時間の大きい順にイベントが並びます。パフォーマンスの改善点を検討する際に役立ちます。

❹ 「Query（クエリ）」は、「Timeline」または「Events Sorted by Time」で「Executing Query（クエリの実行）」のマークをクリックすると、そのクエリ文が表示されます。クエリ文が画面に収まりきらない場合は、「Query」のシートに移動して確認します。

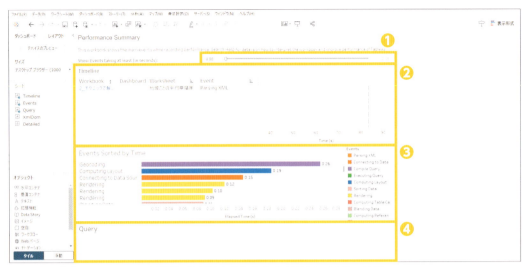

図2.7.2 「パフォーマンスの記録」を実行すると立ち上がるワークブック例

　代表的なイベントに対して影響が大きかった場合に考えられる、パフォーマンスの改善策の例を紹介しましょう。

　<mark>Executing Query（クエリの実行）</mark>は、クエリ文を参照して計算フィールドやフィルターなどを見直します。

　<mark>Computing Layout（レイアウトの計算）</mark>は、画面に描画するプロセスに影響する要因を確認し、マーク数の多さ、遅い表計算、大きなクロス集計を見直します。よりシンプルなデザインに改善できないか検討します。

　<mark>Connecting to Data Source（データソースへの接続）</mark>は、各データソース向けに用意されたコネクターを活用しているか、ネットワークやデータベースに問題がないかを確認します。

　<mark>Generating Extract（抽出の生成）</mark>は、抽出するデータ量を見直します。

　<mark>Blending Data（データのブレンド）</mark>は、データ量や共通フィールドを見直し、ブレンド以外の方法を検討します。

　<mark>Geocoding（地図化）</mark>は、地図に使うデータ量を削減することを検討します。

　<mark>Computing Table Calculations（表計算の処理）</mark>は、表計算の削減や、表計算以外の方法の検討を行います。

> パフォーマンスの記録で作成されるワークブックを編集することで、知りたいパフォーマンスを知りたい軸で分析できます。たとえば、イベントの種類ごとに合計所要時間を見たり、複数回取得した記録の結果のデータを組み合わせて平均した値を見たりするなど、カスタマイズが可能です。

計算フィールド、フィルター、パラメーター、地図の活用

本章以降では、より目的に沿った分析を実現するために、ドラッグアンドドロップを越えたTableauのさまざまな使い方を紹介していきます。本章ではまず、計算式の記述方法から始めます。次に、各種フィルターや、パラメーターを習得することで、分析の幅を広げていきます。さらに地図の種類の変更や、空間情報を含むデータである「空間ファイル」の使い方、画像上への描画手法を扱います。

計算フィールドの活用

計算フィールドとはユーザーがTableau上で作成したフィールド、すなわち列のことです。元々のデータソースにあるフィールドや、関数、パラメーターなどを使って、新しいフィールドを生成することができます。計算フィールドを作成しても、接続元のデータに影響することはありません。そのため、計算フィールドはTableauの中でのみ追加されます。計算フィールドには、新しい列がデータに追加されるタイプと、チャート内でのみ計算結果を表示するタイプがあります。

3.1.1 計算フィールドの作り方

　元のデータにはないフィールドが必要になったら、計算フィールドを作成します。たとえば、売上と利益から利益率を算出するとき、日付と売上から前年比を算出するとき、顧客の購買データから各顧客の初回購入日を算出するとき、ある指標値を基準にそれ以上・未満に分けるときなど、元データにはないフィールドが必要になることは多いものです。

　本章では、Tableau Desktopに同梱されているデータを使用します。「マイ Tableau リポジトリ」＞「データ ソース」＞「バージョン番号」＞「ja_JP-Japan」配下にある、「サンプル - スーパーストア.xls」をクリックし、「注文」のシートを使用します。

■ 計算フィールドの作成手順

　計算フィールドの作成方法には大きく2通りあります。1つ目は、計算エディターを使用する方法です。例として、「売上」と「割引率」から、割引前の金額である定価を算出します。

① メニューバーから［分析］＞［計算フィールドの作成］をクリックします。

② 「割引前売上」という名前にし、() と/を用いて図のように式を組み立てます。「売上」や「割引率」は、［データ］ペインからドロップして挿入することもできます。
・割引前売上
［売上］/(1-［割引率］)

③ ［OK］をクリックして画面を閉じます。

④ 計算式の確認や変更が必要になったときは、[データ] ペインに作成された計算フィールドを右クリック > [編集] をクリックして行います。

2つ目は、アドホック計算という、より簡易的な計算フィールドの作成方法です。

① 表示させたいシェルフでダブルクリックすると、計算式を入力できます。

② [Enter] キーを押すか式の外側をクリックして、編集画面を閉じます。

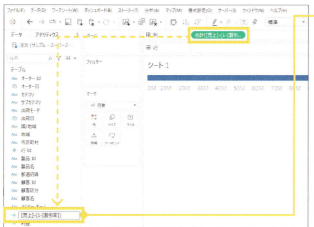

③ [データ] ペインにドロップすることで、新しいフィールドとして追加することができます。これにより、他の場面でもこの計算フィールドを利用可能になります。また、この計算フィールドをわかりやすい名前に変更することもできます。

MEMO

いずれのピルも、ダブルクリックすると、アドホック計算として計算式を確認したり、編集したりできます。

経済大国5カ国の貸付利子（GDPベース）

図3.1.1 ピルはすべてダブルクリックしてアドホック計算に利用できる

■ 計算フィールドの構成要素

計算フィールドに含められる要素は表3.1.1の通りです。

表3.1.1　計算フィールドに含められる要素

要素	例	説明
フィールド	[売上]、[利益]、[カテゴリ]	角括弧で囲う
関数	SUM、IIF	―
演算子	+、/、<=、AND、OR	―
文字列	'目標値未満'、"目標値超え"	シングルクォーテーションもしくはダブルクォーテーションで囲う
数字	100、-30	―
日付	#2020-10-07#	ハッシュで囲い、ハイフンで分ける
ブール	真、偽	―
Null	Null	
パラメーター	[N%]	角括弧で囲う
コメント	//単一行、/* 複数行可能 */	2つのスラッシュ、もしくはスラッシュとアスタリスクで挟む

これらの要素を組み合わせて、たとえば、次のように式を組み立てることができます。

・利益率の目標値判定
IIF(
SUM([利益])/SUM([売上])
//利益率
<=[N%],
//目標値はパラメーターで指定
'目標値未満','目標値越え')

図3.1.2　コメントを入れて式をわかりやすく

■ 計算フィールドのデータ型

計算フィールドのデータ型は、数値、日付と時刻・日付、文字列、ブールのいずれかになります。

表3.1.2 計算フィールドのデータ型

アイコン	データ型	データ例
#	数値（小数）	1.3, 2.00, 5.39
#	数値（整数）	1, 100, -30
📅🕐	日付と時刻	2020/12/31 12;00;00, 2021-12-01 00:00:00
📅	日付	2020/12/31, 20/1/1, 2021-12-1
Abc	文字列	関東地方、家具、本棚
T|F	ブール	（計算の結果生じる型）

計算フィールドの作成は、列を作るようなイメージです。Tableau Desktopやウェブ作成では基本的に行を生成することはできません。行が必要なときは元のデータに戻って追加するか、追加したいデータを別途用意して、元のデータとユニオンすることで対応します。

3.1.2 計算の種類

計算フィールドの中で作成できる計算は、4種類あります。

表3.1.3 計算フィールドの計算の種類

種類	概要	例
行レベルの計算	データ1行1行に対して計算する	「売上」を1.1倍して「税込売上」を計算
集計計算	シートで表す粒度で集計する	カテゴリの値別に「合計（売上）」を計算
表計算	シートで表示された集計値に基づいて、さらに計算する	今年の「合計（売上）」と昨年の「合計（売上）」から「前年比」を計算
LOD（詳細レベル）表現	シートで表示する粒度にかかわらず、粒度をコントロールして計算する	「顧客」ごとの初回購入から再購入までの平均「日数」を計算

行レベルの計算と集計計算を、具体例を用いて確認していきましょう。表計算とLOD表現は、第4章で説明します。

■ 行レベルの計算

行レベルの計算とは、元のデータの1行1行に対して計算を行い、新しい列を作成する計算のことです。例を見てみます。「製品名」はカンマで区切られて、1番目のかたまりにメーカーと製品種類が含まれています。ここでは、データの各行に対して、カンマ前の文字列だけを切り出した

133

列を作成します。

1. メニューバーから［分析］＞［計算フィールドの作成］をクリックします。

2. 「メーカーと製品種類」という名前にして、文字列を分割するSPLIT関数を用いて図のように式を組み立てます。
・メーカーと製品種類
SPLIT([製品名],',',1)

3. ［OK］をクリックして画面を閉じます。

4. ［データ］ペインの検索フィルターの右にある［データの表示］をクリックして、データを確認します。「メーカーと製品種類」も、3.1.1で作成した「割引前売上」もデータに列が追加され、1行1行、計算された値が入っています。

■ 集計計算

　集計計算とは、シートで表示しているレベルで、合計や平均など集計を行う計算です。ここでは集計計算の例として、「売上」と「利益」から「利益率」の計算フィールドを作成します。全体の利益率を計算するには、「全体の売上を全体の利益で割る」計算をすることに注意しましょう。

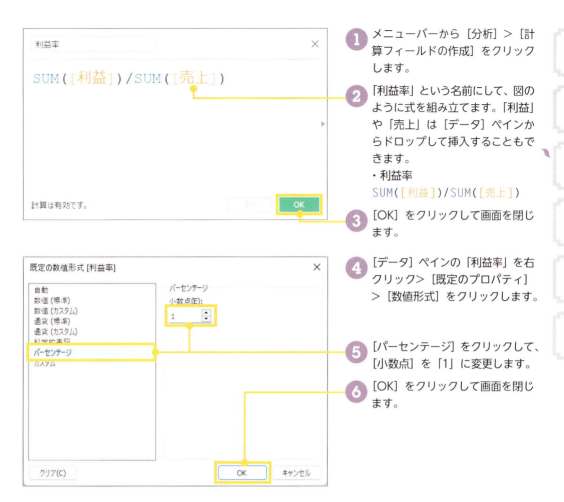

1. メニューバーから[分析]>[計算フィールドの作成]をクリックします。

2. 「利益率」という名前にして、図のように式を組み立てます。「利益」や「売上」は[データ]ペインからドロップして挿入することもできます。
・利益率
SUM([利益])/SUM([売上])

3. [OK]をクリックして画面を閉じます。

4. [データ]ペインの「利益率」を右クリック>[既定のプロパティ]>[数値形式]をクリックします。

5. [パーセンテージ]をクリックして、[小数点]を「1」に変更します。

6. [OK]をクリックして画面を閉じます。

7. ディメンションをビューに加えると、そのレベルで集計されます。「カテゴリ」と「オーダー日」の「年」が入った場合、カテゴリの値と年ごとに、合計した「売上」を合計した「利益」で割った「利益率」を表示します。

「利益率」は、「行レベルの計算で算出した利益率の平均」とは結果が異なります。「利益率」の計算の意味を考えてみましょう。1行1行で出した利益率を平均する、という方法は正しくありません。それぞれ「売上」と「利益」を合計し、それから利益率を出すという集計計算が正しい手法です。計算したい内容によって、行レベルの計算と集計計算のどちらが適切なのかは異なりますが、一般的には集計計算を使うほうが多いはずです。

なお、[データの表示] アイコンで計算結果を確認した場合は、集計計算を行った場合も、各行で合計の「利益」を合計の「売上」で割った値が表示されるので、結果として行レベルの計算と同じ値が表示されます。計算結果を確認する際は、注意しましょう。

図3.1.3　行レベル（非集計）の利益率の計算

COLUMN

組織内で多くのユーザーが同じ計算フィールドを作成することが考えられる場合、よく使用される計算フィールドを含めたワークブックを共有しておくと便利です。フィールドのコピー・貼り付けは、異なるワークブック間でも可能です。複数のフィールドを選択して、コピー・貼り付けも可能です。これにより、時間が節約でき、組織内で一貫性のある計算式を使うことができて、新しいユーザーの教育にも役立ちます。

新しいワークブックにフィールドを貼り付けた後、計算フィールドで使用しているフィールド名が異なるとエラーになります。その場合、参照フィールドを変更するか、フィールド名を変更して解決します。たとえば、元のデータソースでは「受注日」というフィールド名でしたが、作成中のデータソースでは「オーダー日」というフィールド名だったとします。参照フィールドを変更して解決する場合、計算フィールドを右クリック>［編集］をクリックして開き、「オーダー日」に書き換えます。

```
DATEDIFF('day',[受注日],[出荷日])
↓
DATEDIFF('day',[オーダー日],[出荷日])
```

図3.1.4 データソースに存在しないフィールド名を使うと、エラーが表示される

フィールド名を変更する場合は、次の手順を取ります。

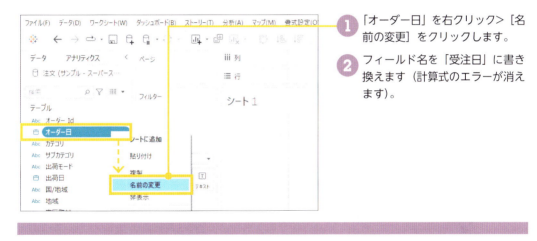

① 「オーダー日」を右クリック>[名前の変更]をクリックします。
② フィールド名を「受注日」に書き換えます（計算式のエラーが消えます）。

3.1.3 関数の使用

　Tableauには多くの関数が用意されています。よく使う関数は使い方を覚えておくと速いですが、必要な場面で必要な関数を調べながら進めます。

■ 関数の調べ方

　どの関数を使えばいいのか調べるときや関数の書き方を確認するときは、計算フィールドの計算エディターを使うと便利です。以下では、計算エディターを表示した状態で説明します。

① 計算エディターの右端にある、右向きの三角のアイコン ▶ をクリックします。

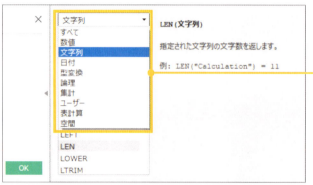

② 計算エディターの右に、Tableauで利用できるすべての関数が表示されます。

③ 画面上部のドロップダウンリストからは、種類別に関数を探すことができます。

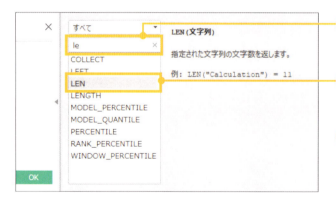

④ 検索したい場合は、関数名などのキーワードをテキストボックスに入力します。

⑤ 目的の関数をクリックすると、画面右側に書き方が表示されます。

⑥ 関数をダブルクリックすると、計算エディターに追加できます。

　関数の詳細をヘルプで確認する場合は、Tableau Desktopで［F1］キーを押してブラウザでヘルプを表示し、ヘルプにある左側のメニューから［グラフの構築とデータの分析］＞［データの分析］＞［計算フィールドの作成］＞［関数］とクリックして確認できます。

■ 関数の種類

表3.1.4に示すように、Tableauには多くの関数が用意されています。

表3.1.4　Tableauに用意されている主な関数

種類	概要	例
数値関数	数値を計算する	MAX、ZN、ABS
文字列関数	文字列を計算する	LEFT、RIGHT 、CONTAINS、SPLIT
日付関数	日付を計算する	YEAR、DATEADD、TODAY、DATEDIFF
型変換関数	データ型を変換する	STR、INT、DATE、
論理関数	条件に従って計算する	IF、IIF、CASE、AND
集計関数	データの集計を行う	SUM、AVG、COUNT、COUNTD
ユーザー関数	Tableau Server・Tableau Cloudにパブリッシュ後、ユーザーやグループによって参照できる行をコントロールする	ISMEMEBEROF、USERNAME
表計算関数	シートで表示された値に基づいて、さらに計算する	LOOKUP、INDEX、RUNNING_SUM
空間関数	地理情報等に対して、空間関連の計算を行う	DISTANCE、MAKEPOINT、MAKELINE
LOD表現	シートで表示する粒度にかかわらず、レベルをコントロールして計算する	FIXED、INCLUDE、EXCLUDE
その他の関数	Tableauで解釈せずに直接データベースに送信するパススルー関数、文字列計算を行う正規表現の関数、Hadoop HiveやGoogle BigQuery固有の関数など	RAWSQL_REAL、REGEXP_REPLACE

フィルターの活用

Tableauには、大きく6種類のフィルターが用意されており、複数の段階でフィルターがかけられます。各フィルターの特徴や、各フィルターと他の処理の実行される順序を頭に入れて、フィルターを適切に使い分けましょう。ここでは、フィルターと処理の実行順序をしっかりと意識する必要がある、典型的な例をご紹介します。

3.2.1 フィルターの種類

図3.2.1のように、フィルターには大きく6種類が存在します。コンテキストフィルターから下は、シートの［フィルター］シェルフに入れるフィルターです。

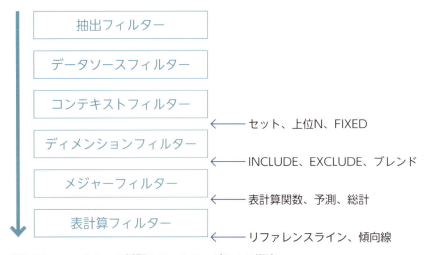

図3.2.1　フィルターの種類とフィルターがかかる順序

■ 抽出フィルター

抽出フィルターは最初にかかるフィルターで、抽出するデータをフィルターします。使用する目的としては、データ量を削減してパフォーマンスを向上させる、不要なデータを除外してわかりやすくする、といった用途が挙げられます。

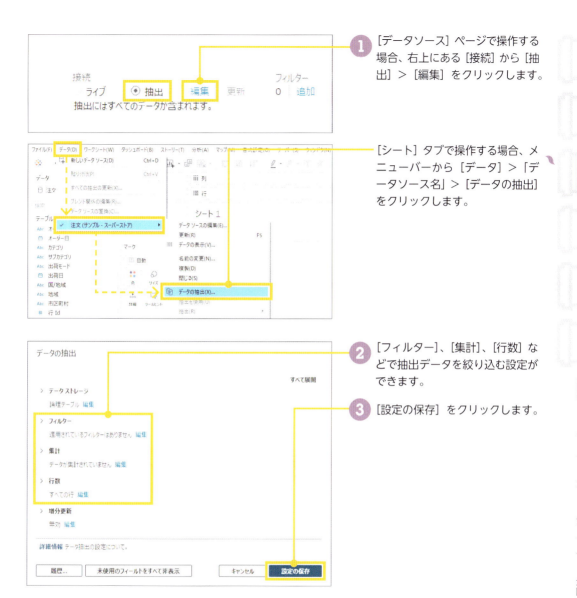

■ データソースフィルター

　データソースフィルターは2番目にかかるフィルターです。データソース全体をフィルターするため、ワークブックにあるすべてのシートでデータソースフィルターがかかったデータを使用することになります。そのため、分析対象としないデータは、抽出フィルターもしくはデータソースフィルターでフィルターするといいでしょう。ライブ接続の場合は、データソースフィルターが最初のフィルターになります。

① [データソース] ページで操作する場合、右上にある [フィルター] の [追加] をクリックします。

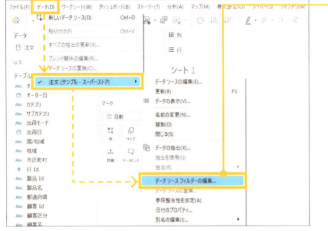

[シート] タブから操作する場合は、メニューバーから [データ] > [データソース名] > [データソースフィルターの編集] をクリックします。

② [データソースフィルターの編集] 画面で [追加] をクリックします。

③ 抽出したいフィールド名をクリックし、フィルターの条件を設定していきます。

④ [OK] をクリックして、画面を閉じます。

■ コンテキストフィルター

　コンテキストフィルターは、[フィルター] シェルフでかけるフィルターの中では最初に作用するフィルターです。コンテキストフィルターは、シートごとにフィルターします。ディメンションフィルターより早い段階でフィルターしたいときに使います。

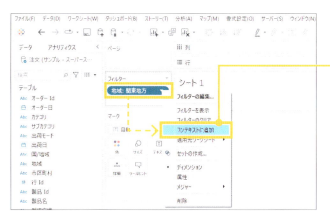

 [フィルター] シェルフにフィールドをドロップします。

 フィルターに入れたフィールドを右クリック ＞ [コンテキストに追加] をクリックします。ピルは濃いグレーになります。

■ ディメンションフィルターとメジャーフィルター

[フィルター] シェルフにディメンションとメジャーをドロップしたものは、それぞれ<mark>ディメンションフィルター</mark>と<mark>メジャーフィルター</mark>と呼ばれます。

■ 表計算フィルター

<mark>表計算フィルター</mark>は最後にかかるフィルターで、表計算を使ったフィールドを使うフィルターです。表計算フィルターはデータをフィルターするのではなく、ビューをフィルターすることが特徴で、表計算を使用しているときに必要となることがあります。

次の例では、年ごとの「売上」とその前年比成長率を2024年だけ表示させてみます。図3.2.2のようにディメンションフィルターで2024年を指定すると、フィルターした結果、2023年はデータに存在しないために前年比成長率が表示されません。そこで、データをフィルターせずに、ビューだけ、すなわち見た目だけフィルターする表計算フィルターを使う必要があります。

図3.2.2 ディメンションフィルターをかけたため、前年比成長率が表示されない例

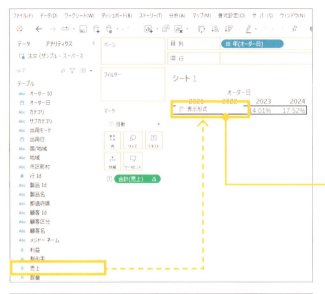

① まず、各年の売上と前年比成長率を表示するクロス集計を作成します。[データ] ペインから「売上」を [マーク] カードの [テキスト] に、「オーダー日」を [列] にドロップします。

② [マーク] カードの「合計（売上）」を右クリック＞[簡易表計算]＞[前年比成長率] をクリックします。

③ [データ] ペインの「売上」をビュー上の前年比成長率の数字の上に重ね、「表示形式」が出ている状態でドロップします。

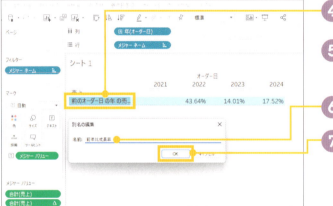

④ ヘッダーを上下に動かして売上と前年比成長率を入れ替えます。

⑤ 前年比成長率に当たるヘッダーを右クリック＞[別名の編集] をクリックします。

⑥ 「前年比成長率」に書き換えます。

⑦ [OK] をクリックして画面を閉じます。

MEMO この後、「オーダー日」を [フィルター] シェルフにドロップし、[年] をクリックして2024年でフィルターをかけると、図3.2.2の状態になります。このディメンションフィルターは、[フィルター] シェルフから削除してください。

⑧ 次に、表計算で年を表すフィールドを作成し、それを表計算フィルターとして利用し、2024年のみを選択します。メニューバーから [分析] ＞ [計算フィールドの作成] をクリックします。

144

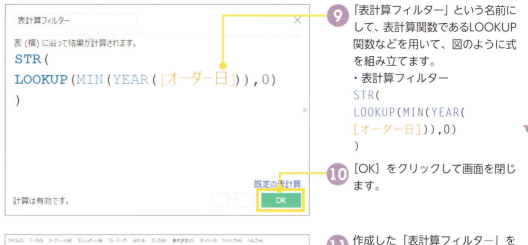

❾ 「表計算フィルター」という名前にして、表計算関数であるLOOKUP関数などを用いて、図のように式を組み立てます。
・表計算フィルター
STR(
LOOKUP(MIN(YEAR(
[オーダー日])),0)
)

❿ [OK] をクリックして画面を閉じます。

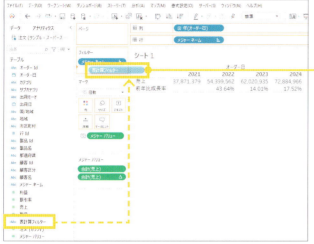

⓫ 作成した「表計算フィルター」を右クリック＞[データ型の変更]＞[文字列] をクリックします。

⓬ 「表計算フィルター」を[フィルター]シェルフにドロップします。

⓭ 「2024」をクリックしてチェックを入れます。

⓮ [OK] をクリックして画面を閉じます。

⓯ 表示が「2024 年」だけになり、前年比成長率も表示されました。

　常に最終年だけ表示させたいとき、❽から⓮の代わりに「LAST()=0」という計算式が入ったフィールドを作成し、[フィルター]シェルフにドロップして[真]を選択するのもよいでしょう。LAST関数は、ビューの最後から0、1、2、…と番号を振る関数なので、最後の年は必ず0になります。

図3.2.3　LAST関数を使用した計算フィールドの例

3.2.2 処理の順序を利用した計算 ①：コンテキストフィルター

　Tableauが処理する順序を考慮してチャートを作成することがあります。その目的で最もよく使用されるのはコンテキストフィルターです。フィルターシェルフに入るフィルターの中では、コンテキストフィルターが最初に動作します。このことを活かした例を紹介します。

■ 上位Nの値を表示するにはコンテキストフィルターを活用

　各地域で、「売上」が上位5位までの製品を把握します。これは、コンテキストフィルターが活躍する典型的なシーンです。

❶ ［データ］ペインから「売上」を［列］に、「製品名」を［行］にドロップします。「警告」が表示された場合、[すべての要素を追加] をクリックします。

❷ ツールバーの降順で並べ替えるボタン をクリックします。

❸ ［フィルター］シェルフに「地域」をドロップします。

❹ 「東北地方」をクリックしてチェックを入れます。

❺ [OK] をクリックして画面を閉じます。

❻ ［データ］ペインから「製品名」を［フィルター］シェルフにドロップします。

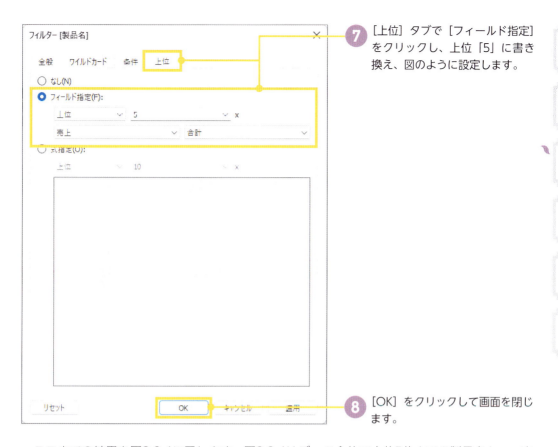

　ここまでの結果を図3.2.4に示します。図3.2.4はデータ全体で上位5位までの製品名かつ、東北地方に絞って表示したものです。図3.2.5では、比較のためにデータ全体の上位5製品を表示しています。図3.2.4は東北地方の上位5製品は表示されず、全体の上位5製品でありかつ東北地方の売上が表示されることがわかります。

147

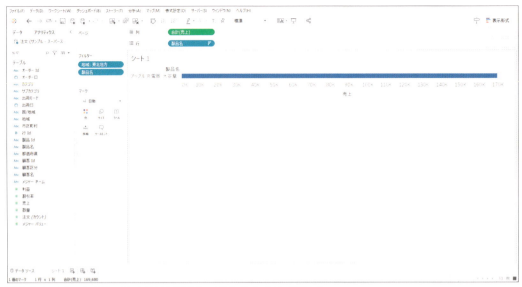

図3.2.4　データ全体での上位5の製品かつ東北地方での「売上」

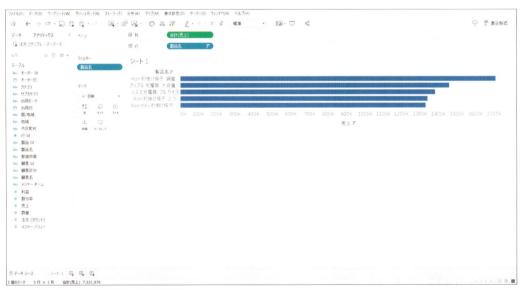

図3.2.5　データ全体での上位5製品

　東北地方における上位5位までの製品名を表示するには、コンテキストフィルターを使用します。これにより、各地域をフィルターした後に上位5製品を絞り込むため、意図通りの結果が得られます。

❾ [フィルター] シェルフにある「地域」を右クリック >[コンテキストに追加] をクリックします。

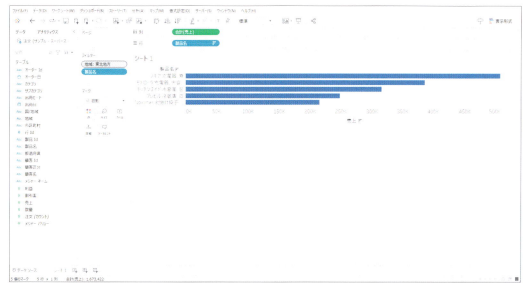

図3.2.6 東北地方での上位5位を表示

3.2.3 処理の順序を利用した計算 ②:ディメンションフィルター

　ここでは、サブカテゴリのもつ各値の売上貢献割合を表示します。フィルターで一部の値を表示させても、常に全体に対する売上割合を表示する例を紹介します。FIXED、ディメンションフィルター、表計算の順に処理されることがポイントです。

■ ディメンションフィルターの後に、表計算は実行される

　「サブカテゴリ」でフィルターをかけ、表示している「サブカテゴリ」の中で値の割合を表示してみます。

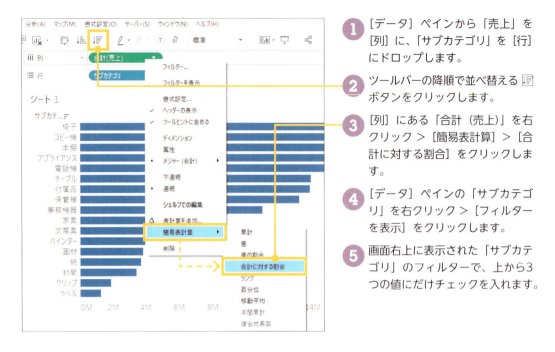

① [データ]ペインから「売上」を[列]に、「サブカテゴリ」を[行]にドロップします。

② ツールバーの降順で並べ替えるボタンをクリックします。

③ [列]にある「合計(売上)」を右クリック＞[簡易表計算]＞[合計に対する割合]をクリックします。

④ [データ]ペインの「サブカテゴリ」を右クリック＞[フィルターを表示]をクリックします。

⑤ 画面右上に表示された「サブカテゴリ」のフィルターで、上から3つの値にだけチェックを入れます。

　図3.2.7は、選択した3つの値を100%として計算しています。ディメンションフィルターの後に表計算が処理されるので、フィルターされたデータのみを用いて割合を計算しています。

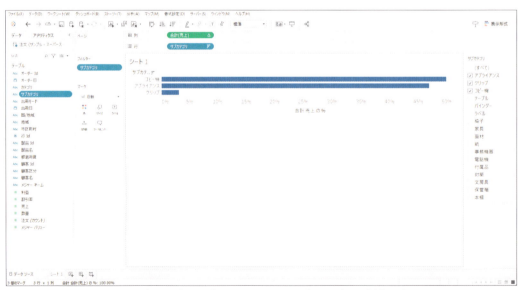

図3.2.7　選択した3つのサブカテゴリのデータで、3つのサブカテゴリの割合を表示

■ **FIXEDの後に、ディメンションフィルターは実行される**

次に、すべてのサブカテゴリを100%として、サブカテゴリの値の割合を計算しつつ、3つの値のみ表示してみましょう。先ほどの手順❸で使った表計算ではなく、詳細レベル（LOD）の式であるFIXEDを使います。図3.2.7に続けて操作してください。

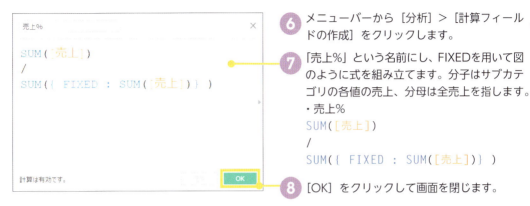

❻ メニューバーから［分析］＞［計算フィールドの作成］をクリックします。

❼ 「売上%」という名前にし、FIXEDを用いて図のように式を組み立てます。分子はサブカテゴリの各値の売上、分母は全売上を指します。
・売上%
SUM([売上])
/
SUM({ FIXED : SUM([売上])})

❽ ［OK］をクリックして画面を閉じます。

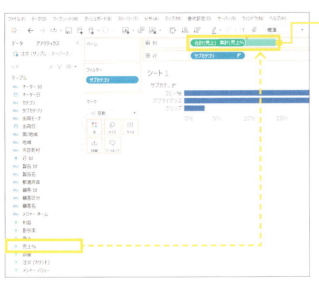

❾ ［データ］ペインの「売上%」を［列］の「合計（売上）」に重ねてからドロップし、フィールドを入れ替えます。

❿ ［データ］ペインの［売上%］を右クリック＞［既定のプロパティ］＞［数値形式］で［パーセンテージ］を選択し、［小数点］を「1」にします。

図3.2.8は全体に対するそれぞれの売上割合を計算しつつ、フィルターで指定した値のみを表示しています。ディメンションフィルターはFIXEDの後に処理されるため、表示される値にかかわらず、すべてのデータを100%とした割合を表示します。

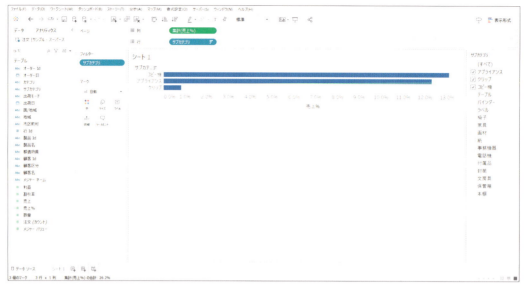

図3.2.8 すべての「サブカテゴリ」に対する各「サブカテゴリ」の割合を、3つのサブカテゴリのみ表示

　本節の最後に、ここで使用したフィルターと処理の順序をまとめましょう。コンテキストフィルター → 上位N・FIXED → ディメンションフィルター → 表計算の順に処理されます。表計算関数とFIXEDを使うときは特に使用するフィルターとその処理順序に注意しましょう。

パラメーターの活用

パラメーターでは、ユーザーがインプットする数値や文字などの1つの値を、計算フィールドやフィルターなどに反映できます。インプットする値は、あらかじめ作成したリストから選択するタイプにも、自由に入力するタイプにも設定できます。さらに、パラメーターアクション（6.3）を活用すれば、チャートを選択することでパラメーターの値を変更できます。

3.3.1 フィールドの計算に活用

パラメーターでインプットする数値や文字は、計算フィールドの中で利用できます。まずパラメーターを作成し、そのパラメーターを計算フィールドに含めることで、パラメーターをビューに反映させます。

■ 数値をフィールドの計算に活用：What-if分析

数値を変更したときに、値がどのように変化するかシミュレーションする<u>What-if分析</u>を行ってみましょう。ここでは、パラメーターを使用して売上がN%増加したときの地域別の値を調べます。

❶ ［データ］ペインの検索フィルターの右側にあるドロップダウン矢印［▼］をクリック ＞［パラメーターの作成］をクリックします。

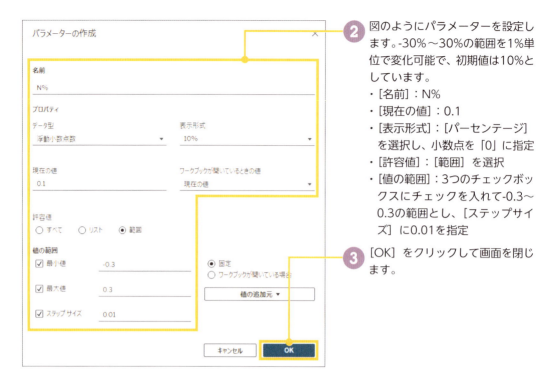

② 図のようにパラメーターを設定します。-30%～30%の範囲を1%単位で変化可能で、初期値は10%としています。
・[名前]：N%
・[現在の値]：0.1
・[表示形式]：[パーセンテージ] を選択し、小数点を「0」に指定
・[許容値]：[範囲] を選択
・[値の範囲]：3つのチェックボックスにチェックを入れて-0.3～0.3の範囲とし、[ステップサイズ] に0.01を指定

③ [OK] をクリックして画面を閉じます。

④ [データ] ペインにあるパラメーター「N%」を右クリック ＞ [パラメーターの表示] をクリックします。画面右上にパラメーターが表示されます。

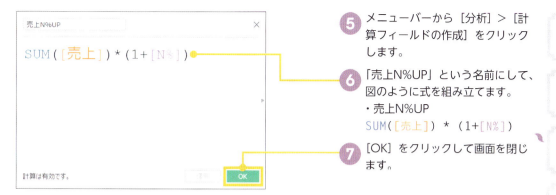

⑤ メニューバーから［分析］＞［計算フィールドの作成］をクリックします。

⑥ 「売上N%UP」という名前にして、図のように式を組み立てます。
・売上N%UP
SUM([売上]) * (1+[N%])

⑦ ［OK］をクリックして画面を閉じます。

⑧ ［データ］ペインから「売上N%UP」を［列］に、「地域」を［行］にドラッグします。

⑨ ツールバーの降順で並べ替えるボタン をクリックします。

　パラメーターの値を変更するとビューが連動するようになりました。なお、パラメーターの右上にあるドロップダウン矢印［▼］から、インプットの方法を変更することもできます。この例の場合は、スライダーと入力から選べます。

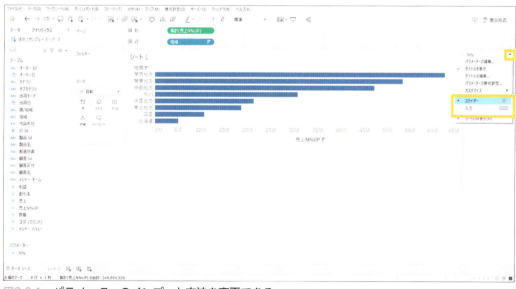

図3.3.1　パラメーターのインプット方法を変更できる

■ 文字列をフィールドの計算に活用

入力した文字を含む製品名だけを表示させてみましょう。

① [データ] ペインの検索フィルターの右側にあるドロップダウン矢印 [▼] をクリック ＞ [パラメーターの作成] をクリックします。

② 図のようにパラメーターを設定します。
・[名前]：検索文字を入力
・[データ型]：[文字列]
・[現在の値]：※空欄に

③ [OK] をクリックして画面を閉じます。

④ [データ] ペインにある「検索文字を入力」を右クリック ＞ [パラメーターの表示] をクリックします。画面右上にパラメーターが表示されます。

⑤ メニューバーから [分析] ＞ [計算フィールドの作成] をクリックします。

⑥ 「検索条件にマッチ」という名前にして、図のように式を組み立てます。何も選択していないときはすべての製品名、パラメーターに文字列が入力されているときはその文字列を含む製品名のみを含みます。

・検索条件にマッチ
[検索文字を入力]=''
OR
CONTAINS([製品名],
[検索文字を入力])

⑦ [OK] をクリックして画面を閉じます。

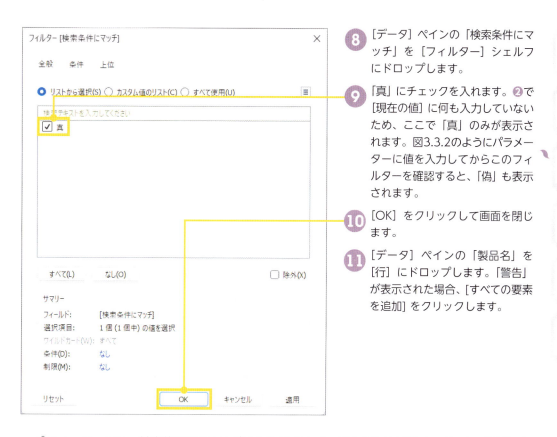

❽ [データ] ペインの「検索条件にマッチ」を [フィルター] シェルフにドロップします。

❾ 「真」にチェックを入れます。❷で [現在の値] に何も入力していないため、ここで「真」のみが表示されます。図3.3.2のようにパラメーターに値を入力してからこのフィルターを確認すると、「偽」も表示されます。

❿ [OK] をクリックして画面を閉じます。

⓫ [データ] ペインの「製品名」を [行] にドロップします。「警告」が表示された場合、[すべての要素を追加] をクリックします。

パラメーターには、基本的に値を1つだけ入力できます。図3.3.2 はパラメーターに「BIC」と入力した結果です。

図3.3.2 「BIC」を含む製品名だけを表示

157

COLUMN

計算式を工夫したり、パラメーターアクションを使用したりすることで、複数の値を取り入れることもできます。図3.3.3の計算式は、半角スペースで挟んだ複数の検索文字のいずれかを含む製品を表示する例です。

・検索条件にマッチ（複数入力）

[検索文字を入力]=''
OR
REGEXP_MATCH([製品名],REPLACE([検索文字を入力],' ','|'))

図3.3.3　複数の文字列を含む製品名を検索できるようにした例

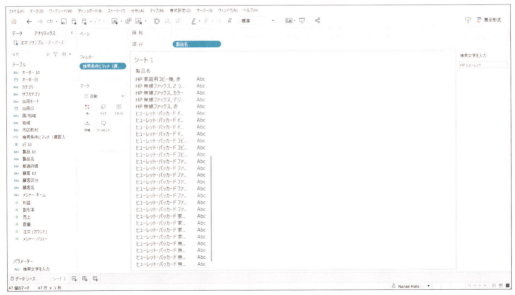

図3.3.4　「HP」または「ヒューレット」を含む製品名を表示

3.3.2 フィールドの切り替えに活用

1つのチャートの中でメジャーやディメンションのフィールドを切り替えるという用途で、パラメーターを活用できます。これは、編集ができないViewerライセンスのユーザーによる「軸を入れ替えたい」という要望に応える1つの解決策です。

■ メジャーを切り替える

1つのチャートで、地域別に「売上」、「利益」、「数量」を切り替えられるようにします。

❶ [データ] ペインの検索フィルターの右側にあるドロップダウン矢印 [▼] をクリック > [パラメーターの作成] をクリックします。

❷ 図のようにパラメーターを設定します。
・[名前]：メジャーの選択
・[データ型]：[整数]
・[許容値]：[リスト] を選択し、1、2、3の値に対して「売上」、「利益」、「数量」を入力

❸ [OK] をクリックして画面を閉じます。

❹ [データ] ペインにある「メジャーの選択」を右クリック > [パラメーターの表示] をクリックします。画面右上にパラメーターが表示されます。

MEMO ❷で、[データ型] を「文字列」、[許容値] の [リスト] の値を「売上」、「利益」、「数量」としても問題ありません。[整数] の「1」、「2」、「3」とした理由は、文字列型より数値型のほうが、パフォーマンスが優れているためです。

5 メニューバーから［分析］＞［計算フィールドの作成］をクリックします。

6 「選択メジャー」という名前にして、図のように式を組み立てます。［メジャーの選択］の値が1のとき「売上」のフィールド、2のとき「利益」のフィールド、3のとき「数量」のフィールドとなることを意味します。

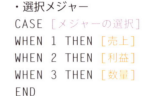

・選択メジャー
CASE ［メジャーの選択］
WHEN 1 THEN ［売上］
WHEN 2 THEN ［利益］
WHEN 3 THEN ［数量］
END

7 ［OK］をクリックして画面を閉じます。

8 ［データ］ペインから「選択メジャー」を［列］に、「地域」を［行］にドラッグします。

9 ツールバーの降順で並べ替えるボタン をクリックします。

10 軸の名前を、パラメーターの選択値に対応させることもできます。軸を右クリック ＞ ［軸の編集］をクリックします。［軸のタイトル］で、［タイトル］をパラメーター名［メジャーの選択］に変更します。

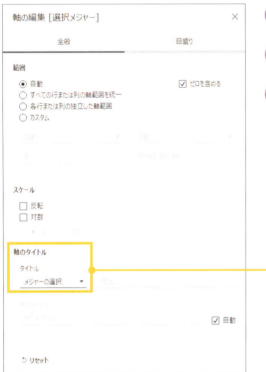

　図3.3.5は、パラメーターで選択したメジャーを使って棒グラフを表しています。売上を選ぶときパラメーターの値は1となり、計算フィールドは1のとき「売上」のメジャーを返します。軸のタイトルも、選択したメジャー名が表示されます。

160

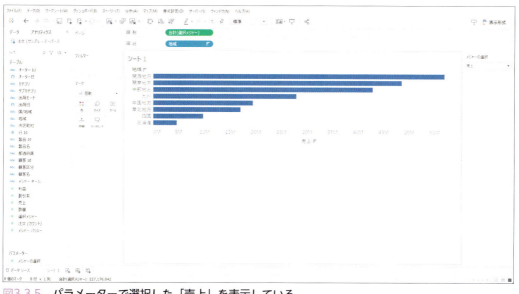

図3.3.5 パラメーターで選択した「売上」を表示している

■ ディメンションを切り替える

次に、図3.3.5では地域ごとにメジャーを集計しましたが、「サブカテゴリ」ごとにも切り替えて見られるように、「地域」と「サブカテゴリ」をパラメーターで切り替えられるようにします。以下の手順で操作を続けていきます。

⑪ [データ] ペインの検索フィルターの右側にあるドロップダウン矢印 [▼] をクリック ＞ [パラメーターの作成] をクリックします。

⑫ 図のようにパラメーターを設定します。
・[名前]：ディメンションの選択
・[データ型]：[整数]
・[許容値]：[リスト] を選択し、1、2の値に対して「地域」、「サブカテゴリ」を入力

⑬ [OK] をクリックして画面を閉じます。

⑭ [データ] ペインの「ディメンションの選択」を右クリック ＞ [パラメーターの表示] をクリックします。画面右上にパラメーターが表示されます。

⑮ メニューバーから［分析］＞［計算フィールドの作成］をクリックします。

⑯ 「選択ディメンション」という名前にして、図のように式を組み立てます。［ディメンションの選択］の値が1のとき「地域」、それ以外のとき「サブカテゴリ」となることを意味します。
・選択ディメンション
IIF（［ディメンションの選択］=1，
［地域］，［サブカテゴリ］）

⑰ ［OK］をクリックして画面を閉じます。

⑱ ［データ］ペインから「選択ディメンション」を［行］にある「地域」の上に重ねてドロップし、入れ替えます。

⑲ ツールバーの降順で並べ替えるボタン をクリックします。

　図3.3.6は、パラメーターで選択したディメンションを使って棒グラフで表しています。地域を選ぶときパラメーターの値は1となり、そのとき計算フィールドは「地域」のディメンションを返します。

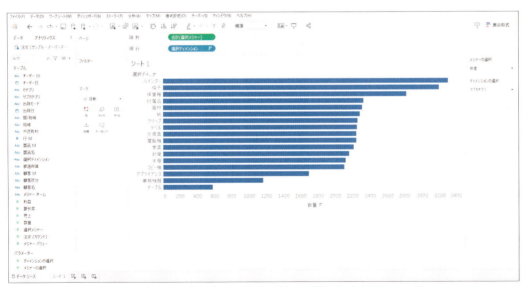

図3.3.6　パラメーターで選択した、「サブカテゴリ」ごとの「数量」を表示している

3.3.3 フィルター、セット、ビン、リファレンスラインに活用

パラメーターの適用範囲は広く、計算フィールドに使えるだけでなく、フィルター、セット、ビン、リファレンスラインなど、さまざまな場面で活用することができます。

■ フィルターに利用

パラメーターを使うと、動的にフィルターできます。パラメーターをフィルターに反映させる際、[フィルター] ダイアログボックスでパラメーターの値を直接取り入れる方法を紹介します。3.3.2で説明したように、パラメーターを計算フィールドに含めて、そのフィールドでフィルターをかけることもできます。

次の例では、パラメーターで指定した上位Nの「都道府県」の「利益」を表示していきます。まずビューを作成し、次にパラメーターを作成し、そのパラメーターを [フィルター] ダイアログボックスで指定します。

① [データ] ペインから「利益」を [列] に、「都道府県」を [行] にドロップします。

② ツールバーの降順で並べ替えるボタン をクリックします。

③ [データ] ペインの検索フィルターの右側にあるドロップダウン矢印 [▼] をクリック > [パラメーターの作成] をクリックします。

④ 図のようにパラメーターを設定します。
- [名前]：上位N
- [データ型]：[整数]
- [許容値]：[範囲] を選択し、[値の範囲] の3つのチェックボックスにチェックして、5〜10の範囲とし、ステップサイズに1を指定

⑤ [OK] をクリックして画面を閉じます。

⑥ [データ] ペインにある「上位N」を右クリック > [パラメーターの表示] をクリックします。画面右上にパラメーターが表示されます。

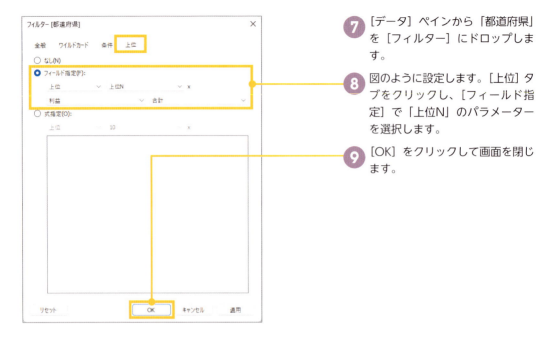

❼ [データ] ペインから「都道府県」を [フィルター] にドロップします。

❽ 図のように設定します。[上位] タブをクリックし、[フィールド指定] で「上位N」のパラメーターを選択します。

❾ [OK] をクリックして画面を閉じます。

　図3.3.7は、パラメーターで選択した上位N位でフィルターしたグラフを表しています。図では、パラメーターで8を選んでいるので、利益が上位8位の都道府県を表示しています。

　なお、❽で [条件] タブの「式指定」でパラメーターを活用することもできます。

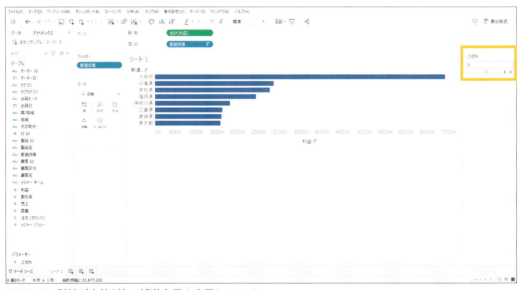

図3.3.7　利益が上位8位の都道府県を表示している

164

■ セットに利用

セットとパラメーターを利用して、上位N位に加えて下位N位も同時に表示してみましょう。セットとはデータのサブセットのことで、ディメンションフィールドがもつ値の一部を抜き出したものです。上位N位のセットと下位N位のセットを作成して、それらを合わせた結合セットでフィルターします。

先ほどの「フィルターに利用」の手順❸〜❺を参考に、あらかじめ「上位N」というパラメーターを作成した状態で、以下の操作を行ってください。

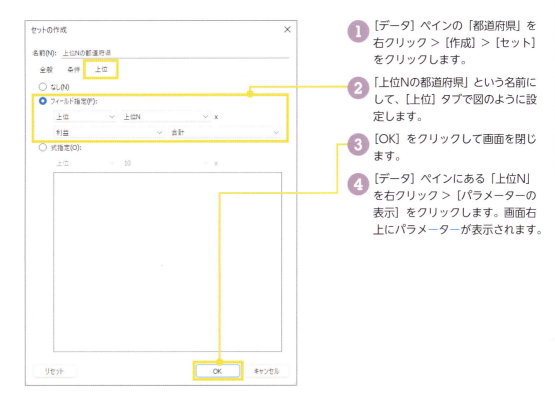

❶ [データ] ペインの「都道府県」を右クリック >[作成]>[セット]をクリックします。

❷ 「上位Nの都道府県」という名前にして、[上位] タブで図のように設定します。

❸ [OK] をクリックして画面を閉じます。

❹ [データ] ペインにある「上位N」を右クリック >[パラメーターの表示] をクリックします。画面右上にパラメーターが表示されます。

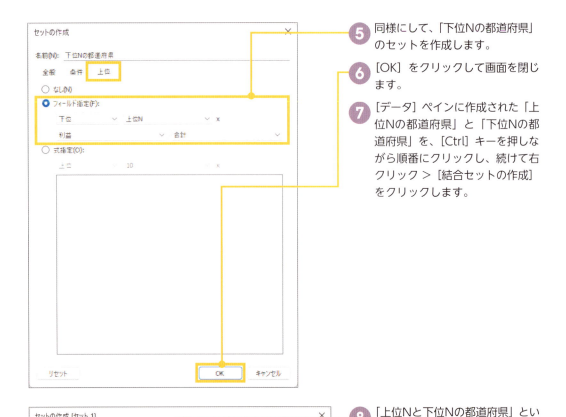

5 同様にして、「下位Nの都道府県」のセットを作成します。

6 [OK] をクリックして画面を閉じます。

7 [データ] ペインに作成された「上位Nの都道府県」と「下位Nの都道府県」を、[Ctrl] キーを押しながら順番にクリックし、続けて右クリック > [結合セットの作成] をクリックします。

8 「上位Nと下位Nの都道府県」という名前にして、図のように設定します。上位Nと下位Nの両方を含むセットを作成します。

9 [OK] をクリックして画面を閉じます。

10 [データ] ペインから「利益」を [列] に、「都道府県」を [行] にドロップします。

11 ツールバーの降順で並べ替えるボタン をクリックします。

12 「上位Nと下位Nの都道府県」を [フィルター] シェルフにドロップします。

　図3.3.8は、パラメーターで選択した上位N位と下位N位でフィルターしたグラフです。図では、パラメーターで8を選んでいるので、利益が上位8位と下位8位の都道府県を表示しています。

166

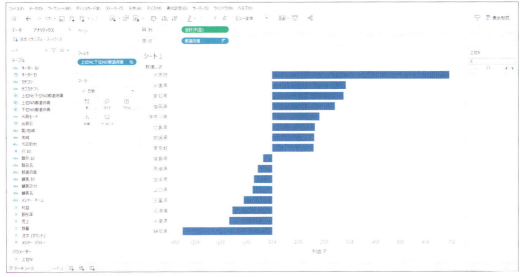

図3.3.8 利益が上位8位と下位8位の都道府県を表示している

■ ヒストグラムのビンに利用

　ヒストグラムとパラメーターを利用することで、ビンのサイズ（1つの棒の幅）をパラメーターで動的に変更したヒストグラムを表現できます。

　この例では、各注文の利益の分布をヒストグラムで確認します。利益の大きさに応じてビンに分け、それぞれの利益のビンに含まれるデータの行数を表示します。まずパラメーターを作成して、そのパラメーターをビンに反映させた後、ビューを作成します。

167

① [データ] ペインの検索フィルターの右側にあるドロップダウン矢印 [▼] をクリック > [パラメーターの作成] をクリックします。

② 図のようにパラメーターを設定します。
・[名前]：利益のビンサイズ
・[データ型]：[整数]
・[現在の値]：30000
・[許容値]：[範囲] を選択し、[値の範囲] の3つのチェックボックスにチェックして、10000～50000の範囲とし、ステップサイズに10000を指定

③ [OK] をクリックして画面を閉じます。

④ [データ] ペインにある「利益のビンサイズ」を右クリック > [パラメーターの表示] をクリックします。画面右上にパラメーターが表示されます。

⑤ [データ] ペインの「利益」を右クリック > [作成] > [ビン] をクリックします。

⑥ 図のように設定します。[ビンのサイズ] に、パラメーター「利益のビンサイズ」を選択します。

⑦ [OK] をクリックして画面を閉じます。

⑧ 「利益 (ビン)」を [列] に、「注文 (カウント)」を [行] にドロップします。

　図3.3.9 は、パラメーターで選択したビンサイズでヒストグラムを表しています。図ではパラメーターで30000を選んでいるので、利益を30000単位でまとめてその範囲内の利益金額をもたらした注文件数を表示しています。

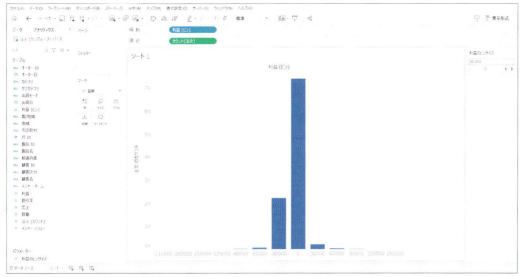

図3.3.9 利益を30000円ごとにまとめて、いくらの利益を生んだ取引が多かったのか確認できる

■ リファレンスラインに利用

　リファレンスラインとパラメーターを利用して、パラメーターで指定する値をリファレンスラインとして表示できます。

　この例では最新年の売上を月別に表示し、その上からパラメーターで入力した月間売上目標を示します。まずビューを作成し、次にパラメーターを作成し、そのパラメーターをリファレンスラインに反映させます。さらに、各月の売上が目標売上に到達したかどうかを色分けして判別しやすくしてみます。そのためにパラメーターを計算フィールドに反映させて、色で表現します。

① ［データ］ペインから「年（オーダー日）」と「月（オーダー日）」を［列］に、「売上」を［行］にドロップします。

② ［マーク］カードの［マーク］タイプで［棒］を選択します。

③ ［データ］ペインから「オーダー日」を［フィルター］シェルフにドロップします。

④ 開いた画面で「年」をクリック、［次へ］をクリックします。

⑤ 画面左下の「ワークブックを開いたときに最新の日付値にフィルターします」をクリックしてチェックを入れます。

⑥ ［OK］をクリックして画面を閉じます。

⑦ [データ] ペインの検索フィルターの右側にあるドロップダウン矢印 [▼] をクリック > [パラメーターの作成] をクリックします。

⑧ 図のようにパラメーターを設定します。
・[名前]：月間目標売上
・[データ型]：[整数]
・[現在の値]：6000000

⑨ [OK] をクリックして画面を閉じます。

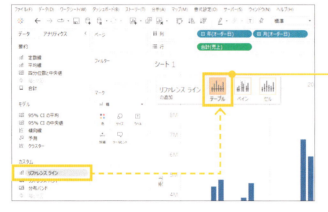

⑩ [データ] ペインにある「月間目標売上」を右クリック > [パラメーターの表示] をクリックします。

⑪ [アナリティクス] ペインの「リファレンスライン」をビュー上にドラッグし、[テーブル] にドロップします。

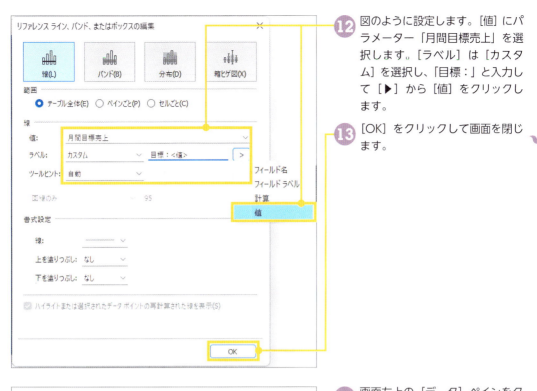

⑫ 図のように設定します。[値] にパラメーター「月間目標売上」を選択します。[ラベル] は [カスタム] を選択し、「目標：」と入力して [▶] から [値] をクリックします。

⑬ [OK] をクリックして画面を閉じます。

⑭ 画面左上の [データ] ペインをクリックし、メニューバーから [分析] > [計算フィールドの作成] をクリックします。

⑮ 「目標達成」という名前にして、図のように計算フィールドを作成します。
・目標達成
SUM([売上])>=[月間目標売上]

⑯ [OK] をクリックして画面を閉じます。

⑰ [データ] ペインから、作成した「目標達成」を [マーク] カードの [色] にドロップします。図3.3.10では、棒グラフの色を調整しています。

図3.3.10 目標売上を超えたかどうかが一目でわかる

COLUMN

パラメーターの値をシートやダッシュボード、ストーリーのタイトルに表示することもできます。タイトルをダブルクリックし、開いた画面でパラメーターの値を表示させたいところにカーソルを移動させ、[挿入] > [パラメーター名] をクリックします。

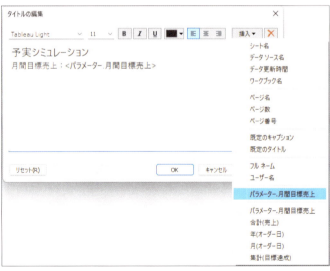

図3.3.11 [タイトルの編集] 画面

172

図3.3.12 シートのタイトルにパラメーター値を入れた例

3.3.4 ダッシュボード上のシートの切り替えに活用

　ダッシュボード上で、パラメーターを利用して表示するシートを切り替えることができます。「売上」と「利益」の状況について、図3.3.13で示す「地域」単位で比較した棒グラフと、図3.3.14で示す「都道府県」単位で表した地図を、パラメーターで入れ替えます。まず、それぞれのシートを作成します。そしてパラメーターを作成し、そのパラメーターを計算フィールドに反映させ、その計算フィールドで各シートにフィルターをかけます。

173

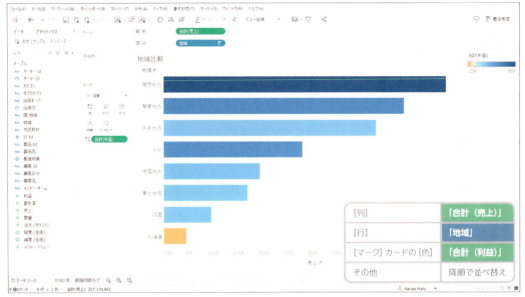

図3.3.13　あらかじめ作成しておく棒グラフ：地域比較

図3.3.14　あらかじめ作成しておく地図：都道府県マップ

① [データ] ペインの検索フィルターの右側にあるドロップダウン矢印 [▼] をクリック ＞ [パラメーターの作成] をクリックします。

② 図のようにパラメーターを設定します。
・[名前]：グラフの選択
・[データ型]：[整数]
・[許容値]：[リスト] を選択し、1、2の値に対して「地域比較」、「都道府県マップ」を入力

③ [OK] をクリックして画面を閉じます。

④ 「地域比較」、「都道府県マップ」それぞれのシートで、[データ] ペインの「グラフの選択」を右クリック ＞ [パラメーターの表示] をクリックします。

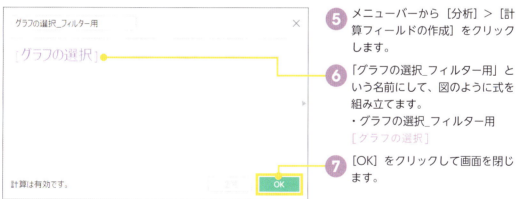

⑤ メニューバーから [分析] ＞ [計算フィールドの作成] をクリックします。

⑥ 「グラフの選択_フィルター用」という名前にして、図のように式を組み立てます。
・グラフの選択_フィルター用
[グラフの選択]

⑦ [OK] をクリックして画面を閉じます。

175

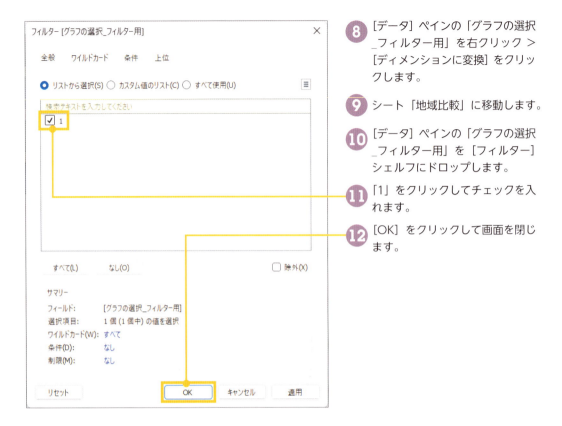

⑧ [データ] ペインの「グラフの選択_フィルター用」を右クリック ＞ [ディメンションに変換] をクリックします。

⑨ シート「地域比較」に移動します。

⑩ [データ] ペインの「グラフの選択_フィルター用」を [フィルター] シェルフにドロップします。

⑪ 「1」をクリックしてチェックを入れます。

⑫ [OK] をクリックして画面を閉じます。

　図3.3.15にここまでの結果を示します。⑪で「1」のみ表示されたのは、パラメーターで「地域比較」が選択されているためです。「1」でフィルターをかけたことで、パラメーターで「地域比較」が選択されているときのみ、このシートを表示します。

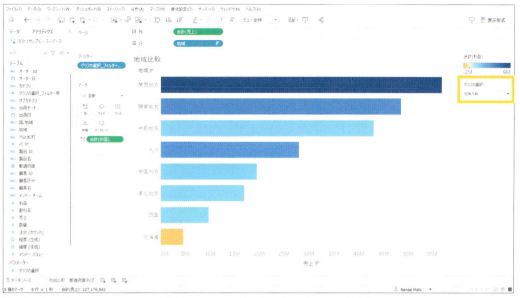

図3.3.15　パラメーターで「地域比較」が選択されたときに表示されるビュー

⑬ パラメーターを「都道府県マップ」に変更します。シート「地域比較」のビューには何も表示されません。

⑭ 「都道府県マップ」に移動し、「グラフの選択_フィルター用」を［フィルター］シェルフにドロップします。

⑮ 「2」をクリックしてチェックを入れます。

⑯ ［OK］をクリックして、画面を閉じます。

　パラメーターで「都道府県マップ」を選択しているとき、つまり値が「2」のときのみ、シート「都道府県マップ」のビューを表示します。パラメーターで「地域比較」を選択すると、シート「都道府県マップ」のビューを消し、シート「地域比較」のビューを表示します。

図3.3.16 パラメーターで「都道府県マップ」が選択されたときに表示されるビュー

⑰ シート上でパラメーターの値を「地域比較」にしてから、新しいダッシュボードを開きます。

⑱ [オブジェクト]から[垂直コンテナ]をビューにドロップします。ビューに、オブジェクトの青線が表示されます。

⑲「地域比較」と「都道府県マップ」を、オブジェクトの青線の中に入るよう、上下にドロップします。

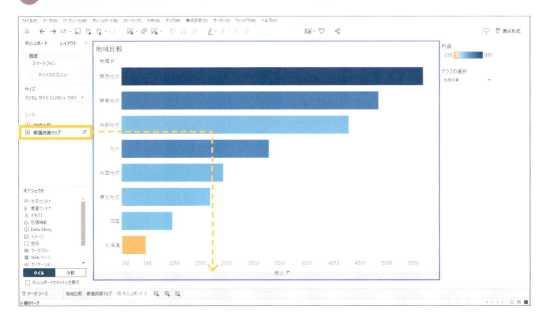

⑳ 「地域比較」と「都道府県マップ」のシート名をそれぞれ右クリック＞［タイトルの非表示］をクリックします。

㉑ 色とサイズの凡例を削除して、見た目を整えます。

　これで、1つのダッシュボード上で、パラメーターで選択しているシートのみ表示する仕組みが作成できました。

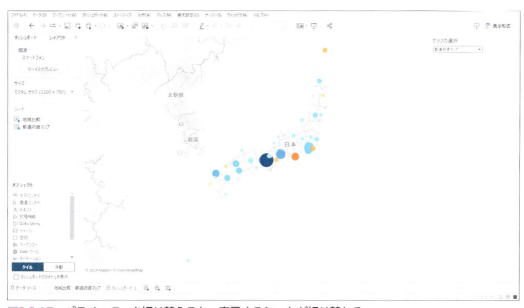

図3.3.17　パラメーターを切り替えると、表示するシートが切り替わる

地図

ここでは地図に関するさまざまな使い方を紹介します。地図の種類や、地図上に表示させる地図情報を変更してみましょう。地図情報システムで標準的に使われる「空間ファイル」に接続できるので、政府の提供する空間ファイルと自社データを合わせて可視化することも可能です。画像上への描画も、考え方は地図と同様なので、ここで扱います。

3.4.1 バックグラウンドレイヤーで地図の変更

地図のスタイルは、デフォルトのスタイルを含めて6種類あります。地図上に表示する地図情報はユーザーがコントロール可能です。

■ 地図のスタイルの選択

地図を表示した際に、背景となる地図のスタイルを変更する方法を紹介します。

① 表を参考に「都道府県」でマッピングします。

地理的役割	「都道府県」：［都道府県/州］ 「市区町村」：［市区町村］
［マーク］カードの［詳細］ ※設定後、［列］に「経度（生成）」、［行］に「緯度（生成）」が追加される	「都道府県」、「市区町村」

② メニューバーから［マップ］＞［バックグラウンドレイヤー］をクリックします。

［バックグラウンドレイヤー］ペインで、［スタイル］は「明るい」にデフォルトで設定されています。［バックグラウンドレイヤー］のチェック項目を変更すると、地図上に表示する情報を変更することができます。

180

図3.4.1 [バックグラウンドレイヤー] ペインで地図のスタイルを変更可能

　図3.4.2は、[スタイル] のリストから「明るい」「標準」「暗い」「ストリート」「アウトドア」「サテライト」をそれぞれ選択した地図の例です。「アウトドア」は等高線を表示できるなど、スタイルに応じて表示可能な背景情報は異なります。

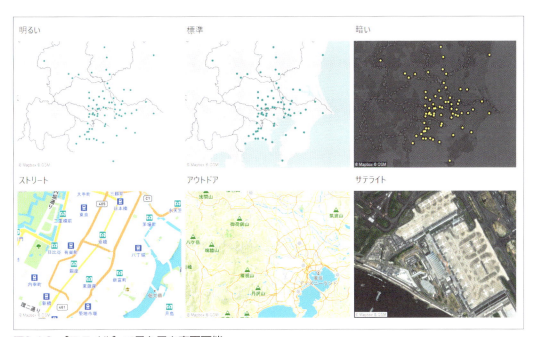

図3.4.2 [スタイル] で見た目を変更可能

181

Tableauが用意したバックグラウンドマップを使用する以外に、メニューバーから［マップ］＞［バックグラウンドレイヤー］を選択し、MapboxとWMSサーバーの地図を利用できます。Mapboxとは、カスタマイズして地図を提供するMapbox社のサービスです。WMSサーバーを使用する場合、Web Map Servicesのプロトコルを使用している地図サーバーに接続できます。

3.4.2 空間ファイルの使用

空間ファイルを使用して、点、線、多角形で描画できます。

空間ファイルとは、地理情報のシステムで標準で使用される、空間情報を表すファイル形式です。Tableauが接続できる空間ファイルは、シェープファイル、MapInfo表、KMLファイル、GeoJSONファイル、TopoJSONファイル、Esri File Geodatabasesです。国土交通省の国土数値情報のサイトで、さまざまな日本の地図情報を表した空間ファイルを無償で入手できます。アメリカのDATA.GOVやCensus.govなど、さまざまな国の政府が提供しているサイトでも入手可能です。

空間ファイルは複数のファイルで構成されています。Tableauでは、図形情報を保持する「.shp」のファイルに接続します。空間ファイルでマッピングする際、「ジオメトリ」というフィールドを使用することが特徴的です。

・国土数値情報　ダウンロードサービス
　http://nlftp.mlit.go.jp/ksj/

本項では、国土数値情報のサイトから、空間ファイル「1kmメッシュ別将来推計人口（H30国政局推計）（shape形式版）」の東京都のデータをダウンロードして使用します。
都内を1km四方で区切り、人口の多さを表現してみましょう。

・「1kmメッシュ別将来推計人口（H30国政局推計）」
　出典：国土交通省国土数値情報ダウンロードサイト
　https://nlftp.mlit.go.jp/ksj/gml/datalist/KsjTmplt-mesh1000h30.html

ここで使用している空間ファイル「1km_mesh_2018_13.shp」は、本書の付属データとして翔泳社のサイトからダウンロードできます。あらかじめ「付属データのご案内」を参照してダウンロードし、ご利用のマシンの任意の場所に保存しておいてください。

① スタートページから［ファイルへ］＞［空間ファイル］をクリックします。

② ダウンロードした付属データにある「1km_mesh_2018_13.shp」を選択して、［開く］をクリックします。

③ ［シート］タブに移動し、［データ］ペインの下のほうにある、「ジオメトリ」をダブルクリックします。

④ 1km四方のメッシュに分けます。［データ］ペインからメッシュを識別する「Mesh Id」を［マーク］カードの［詳細］にドロップします。

⑤ ここでは本州の情報に絞ります。本州にある東京都をドラッグするなどして選択します。必要に応じて、地図を拡大表示しておきましょう。

地図上で表示位置を移動するには、［Shift］キーを押しながら地図上をドラッグします。もしくは、画面左上のビューツールバーで［パン］を選択すると、ドラッグしながらビューを移動できます。

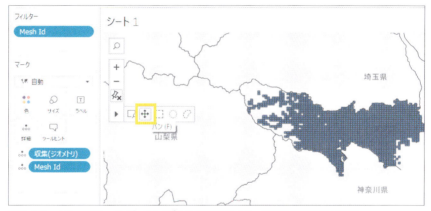

図3.4.3　ビューツールバーで［パン］を選択して、表示位置を変更可能

⑥ 選択できたら、マウスオーバーして表示される画面で［保持］をクリックします。なお、メッシュが抜け落ちているように見えるところは、人口情報がないところです。

⑦ ビューツールバーで、[マップをリセットする]をクリックして、ズームレベルの固定を解除します。

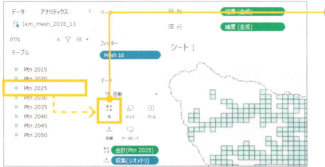

⑧ [データ]ペインから、2025年の人口総数を表す「Ptn_2025」を[マーク]カードの[色]にドロップします。図3.4.4では[マーク]カードの[色]>[色の編集]と[色]>[枠線]をクリックして、色を変更しています。

1km四方の間隔で人口が多いエリアを把握できます。

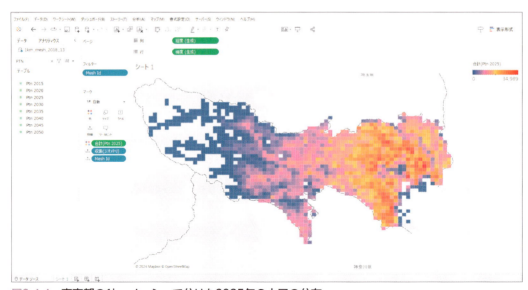

図3.4.4 東京都の1kmメッシュで分けた2025年の人口の分布

3.4.3 空間ファイルと緯度・経度データの結合

　ここでは、空間ファイルと緯度・経度のデータを組み合わせる方法を紹介します。地理情報を補完したり、他のデータの数値情報を併せて使う、2つの利用シーンを想定して、結合する例を紹介します。

ここでも、大手民泊サイトAirbnbが公開している、宿泊施設・民宿を貸し出している東京のユーザーの情報を使用しています。ここで使用している空間ファイル「3.4_Airbnb Tokyo Listing.csv」「3.4_東京都市区町村ポリゴン.geojson」は、本書の付属データとして翔泳社のサイトからダウンロードできます。あらかじめ「付属データのご案内」を参照してダウンロードし、ご利用のマシンの任意の場所に保存しておいてください。

- Inside Airbnb
  https://insideairbnb.com/
- Inside Airbnb Get the Data
  https://insideairbnb.com/get-the-data/

■ 地理情報の補完が目的

　ここでは本書の付属データ、Airbnbの宿泊施設情報「3.4_Airbnb Tokyo Listing.csv」を使います。東京都全体の市区町村ごとに、宿泊施設数を地図で視覚化してみましょう。宿泊施設の登録が1件もない市区町村が存在するので、Airbnbのデータだけだと、図3.4.4のように東京都全体を埋めて表示することができません。そこで、東京都の市区町村の境界線をもつ空間データ「3.4_東京都市区町村ポリゴン.geojson」と結合して、すべての東京都の市区町村を表示し、市区町村ごとの宿泊施設数で可視化します。

① スタートページから［ファイルへ］＞［テキストファイル］をクリックします。

② ダウンロードした付属データにある「3.4_Airbnb Tokyo Listing.csv」を選択して、［開く］をクリックします。

　空間ファイルと結合するには、空間フィールド（ジオメトリ）同士を指定する必要があります。そこで、「緯度」と「経度」を、空間関数を使って空間フィールドに変換します。そして、東京都のすべての市区町村を表現できる空間ファイルのデータを用いて地図を作成し、宿泊施設数で色分けを行います。

③ 画面上部のキャンバスに表示されているデータソース名をダブルクリックして、論理テーブルを開きます。

④ 画面左上にある［追加］＞［空間ファイル］から、ダウンロードした「3.4_東京都市区町村ポリゴン.geojson」に接続します。

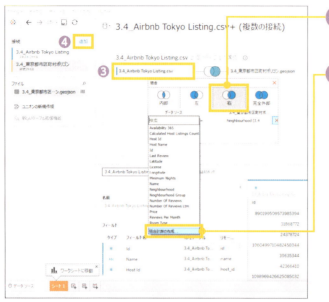

⑤ ベン図のマークをクリックし、［右］結合に変更します。市区町村情報をすべて含めるためです。

⑥ 「3.4_Airbnb Tokyo Listing.csv」の結合句で［結合計算の作成］をクリックします。

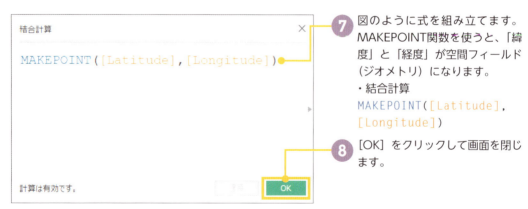

⑦ 図のように式を組み立てます。MAKEPOINT関数を使うと、「緯度」と「経度」が空間フィールド（ジオメトリ）になります。
・結合計算
MAKEPOINT([Latitude], [Longitude])

⑧ ［OK］をクリックして画面を閉じます。

⑨「3.4_東京都市区町村ポリゴン.geojson」の結合句は「ジオメトリ」をクリックし、結合演算子は、「Intersects」をクリックします。

　市区町村と宿泊施設の各地点の粒度が異なっていても、「Intersects」を指定すると空間情報を考慮して結合できます。

⑩ シートに移動します。

⑪ [データ] ペインの「ジオメトリ」をダブルクリックします。

⑫ [データ] ペインから「Neighbourhood (3.4 東京都市区町村ポリゴン.geojson)」を [マーク] カードの [詳細] にドロップします。

⑬ 本州にある東京都だけを選択し、マウスオーバーして表示される画面で [保持] をクリックします。

⑭ [データ] ペインの「Id」を右クリックしながら、[マーク] カードの [色] にドロップし、「個別のカウント(Id)」をクリックします。

⑮ [OK] をクリックして画面を閉じます。

　色を変えると、さらに傾向をつかみやすくなります。東京都すべての市区町村に色を塗ったマップを表示できました。

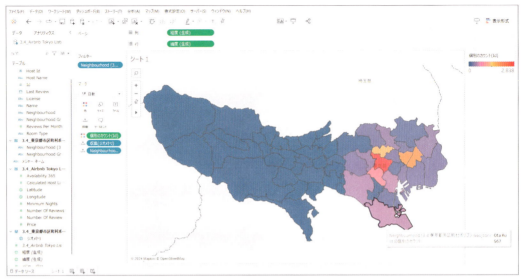

図3.4.5　各市区町村における宿泊施設数をマッピング

■ 新たな数値情報を合わせることが目的

3.4.2で使用した1kmメッシュのデータを使って、1km四方当たりの人口に対する宿泊施設の割合を調べます。まず、宿泊施設情報のデータで「緯度」と「経度」を空間関数を使って空間フィールドを作成し、1kmメッシュのデータと結合します。次に、1kmメッシュのビューを作成します。そして、2つのデータを使用して人口に対する宿泊施設数割合を算出し、それを色で可視化します。

① 空間ファイルの「1km_mesh_2018_13.shp」に接続します。

② 画面上部のキャンバスに表示されているデータソース名をダブルクリックして、論理テーブルを開きます。

③ 画面左上にある［追加］＞［テキストファイル］から、「3.4_Airbnb Tokyo Listing.csv」を図のように結合します。

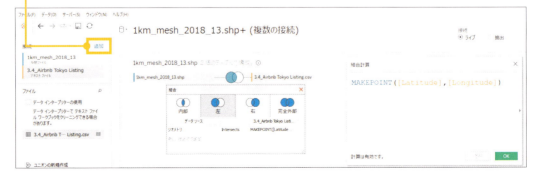

188

④ [シート] タブに移動して、[データ] ペインの「ジオメトリ」をダブルクリックします。

⑤ [データ] ペインから [Mesh Id] を [マーク] カードの [詳細] にドロップします。

⑥ 本州にある東京都だけをドラッグするなどして選択し、マウスオーバーして表示される画面で [保持] をクリックします。

⑦ メニューバーから [分析] > [計算フィールドの作成] をクリックします。

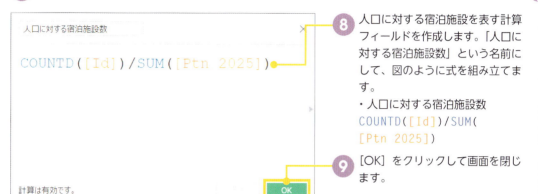

⑧ 人口に対する宿泊施設を表す計算フィールドを作成します。「人口に対する宿泊施設数」という名前にして、図のように式を組み立てます。
・人口に対する宿泊施設数
COUNTD([Id])/SUM([Ptn 2025])

⑨ [OK] をクリックして画面を閉じます。

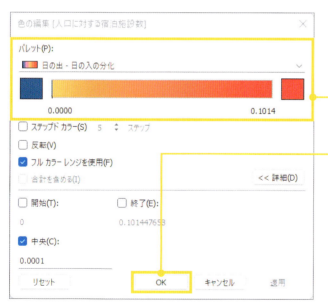

⑩ [データ] ペインから作成した「人口に対する宿泊施設数」を [マーク] カードの [色] にドロップします。

⑪ [マーク] カードの [色] > [色の編集] をクリックして、図のように色の設定を変更します。

⑫ [OK] をクリックして画面を閉じます。

189

人口に対する宿泊施設の割合を1kmメッシュの地図で可視化することができました。行政区画の統計情報と「売上」や「数量」等の自組織の情報を組み合わせると、有益な分析結果を得やすいです。

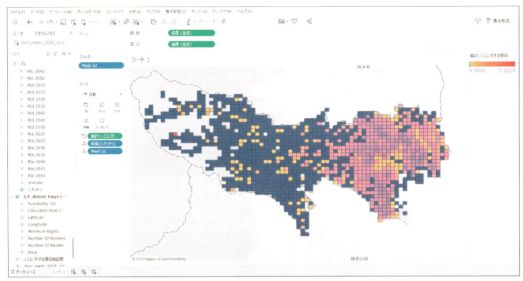

図3.4.6　1km四方当たりの人口に対する宿泊施設の割合をマッピング

3.4.4 画像上への描画

　地図の上に点、線、面を描けるのと同じように、任意の画像の上にも点、線、面を描くことができます。たとえば、設計図の上に建物情報を表示したり、ウェブページ画像の上にユーザーの操作量を表現するいわゆるヒートマップを表したり、サッカーゴールの画像の上にシュート位置を表示するなど、さまざまなシーンで利用されています。その際に必要なのは、背景となる画像と座標データです。ここでは、背景画像の上に、点を表示する例と、多角形で面を表示する例を説明します。

本項で使用している画像ファイルや座標データのファイルは、本書の付属データとして翔泳社のサイトからダウンロードできます。あらかじめ「付属データのご案内」を参照してダウンロードし、ご利用のマシンの任意の場所に保存しておいてください。

■ 点で描画：ディスプレイの傷の位置を表示

あるメーカーでは、製造過程で発生したディスプレイの傷について、その位置と件数を把握しています。ディスプレイ画面を9つに分けて点を表示し、その点の大きさで件数の多さを表します。画像上に点を描画する事例としては、人体の画像を使って負傷部位を表したり、店舗のフロアマップを使って顧客が滞留するエリアを表示したりする用途で使われています。

ここでは、背景画像として「3.4_ディスプレイ.png」を使用します。画像のサイズは、横×高さが1000×700です。9つのポイントA〜Iの座標は「3.4_ディスプレイ_座標.csv」に、各傷の発生箇所A〜Iは「3.4_ディスプレイ_件数.csv」に含まれています。

まず座標の点を表示し、その背景に画像を加えます。そして、傷の発生件数を円の大きさと色で表現します。

	A	B	C	D
1	ポイント	X	Y	
2	A	250	525	
3	B	500	525	
4	C	750	525	
5	D	250	375	
6	E	500	375	
7	F	750	375	
8	G	250	225	
9	H	500	225	
10	I	750	225	
11				

図3.4.7　**3.4_ディスプレイ_座標.csv**

① 座標データ「3.4_ディスプレイ_座標.csv」に接続します。

② ［データ］ペインから「X」を［列］に、「Y」を［行］に、「ポイント」を［マーク］カードの［詳細］にドロップします。

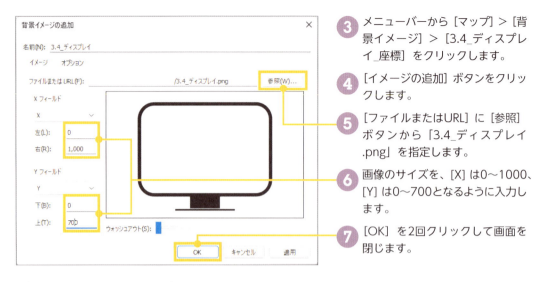

③ メニューバーから［マップ］＞［背景イメージ］＞［3.4_ディスプレイ_座標］をクリックします。

④ ［イメージの追加］ボタンをクリックします。

⑤ ［ファイルまたはURL］に［参照］ボタンから「3.4_ディスプレイ.png」を指定します。

⑥ 画像のサイズを、［X］は0～1000、［Y］は0～700となるように入力します。

⑦ ［OK］を2回クリックして画面を閉じます。

⑧ 軸の範囲を調整します。デフォルトでは、表示しているマークの周辺のみを表示するので、画像のサイズに合わせた軸範囲となるよう固定します。X軸とY軸をそれぞれダブルクリックし、［範囲］を［カスタム］にします。「開始値を固定」と「終了値を固定」をX座標は「0」と「1000」、Y座標は「0」と「700」とします。

⑨ 右上の［×］ボタンをクリックして画面を閉じます。

192

⑩ それぞれの軸を右クリック＞［ヘッダーの表示］をクリックして、軸のヘッダーを非表示にします。

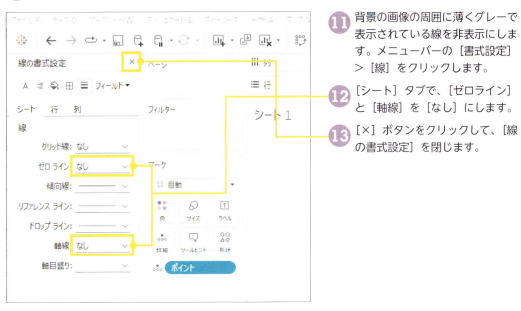

⑪ 背景の画像の周囲に薄くグレーで表示されている線を非表示にします。メニューバーの［書式設定］＞［線］をクリックします。

⑫ ［シート］タブで、［ゼロライン］と［軸線］を［なし］にします。

⑬ ［×］ボタンをクリックして、［線の書式設定］を閉じます。

⑭ 1件1件の傷の報告に対して、発生箇所が記載された報告データを使います。メニューバーから［データ］＞［新しいデータソース］＞［テキストファイル］をクリックし、「3.4_ディスプレイ_件数.csv」に接続します。

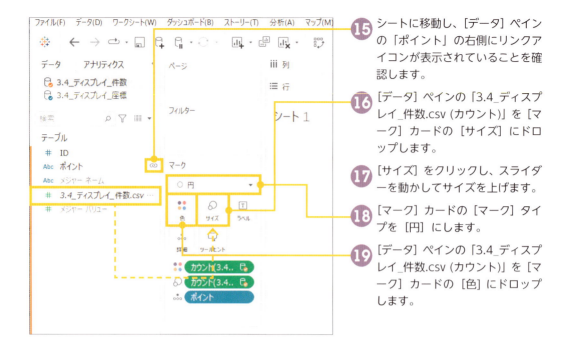

⑮ シートに移動し、[データ] ペインの「ポイント」の右側にリンクアイコンが表示されていることを確認します。

⑯ [データ] ペインの「3.4_ディスプレイ_件数.csv (カウント)」を [マーク] カードの [サイズ] にドロップします。

⑰ [サイズ] をクリックし、スライダーを動かしてサイズを上げます。

⑱ [マーク] カードの [マーク] タイプを [円] にします。

⑲ [データ] ペインの「3.4_ディスプレイ_件数.csv (カウント)」を [マーク] カードの [色] にドロップします。

　図3.4.8のように、画像上に点を描画することで、ディスプレイの傷は画面上のどこで多く発生するのか、位置関係を捉えながら把握することができました。

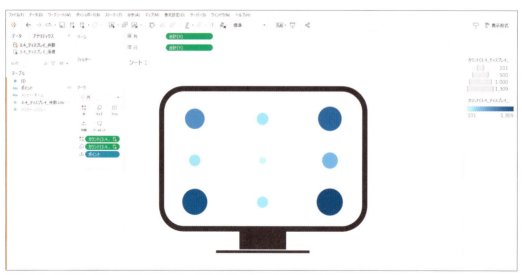

図3.4.8　画像上の9つのポイントで、傷の件数を大きさと色で表現

■ 面で描画：箱の面を表示

次に、箱の画像上に、箱の上面と側面を多角形で表示します。

ここでは、背景画像として「3.4_箱.png」を使用します。画像のサイズは、横×高さが750×750です。多角形となる座標は「3.4_箱_座標.csv」を使用します。まず多角形を表示し、次にその背景に画像を加えます。

① 「3.4_箱_座標.csv」に接続します。「Shape_ID」は各多角形に振った識別番号、「Path_ID」は多角形を囲う各点に振った番号、「X」と「Y」は多角形を囲う各点の座標です。多角形で表現する場合は、この形式のデータを用意します。

Shape_ID	Path_ID	X	Y
1	1	371	722
1	2	647	558
1	3	371	396
1	4	95	558
2	1	82	537
2	2	360	369
2	3	360	43
2	4	82	212

3.4_箱_座標.csv

② 図と表を参考にビューを作成します。

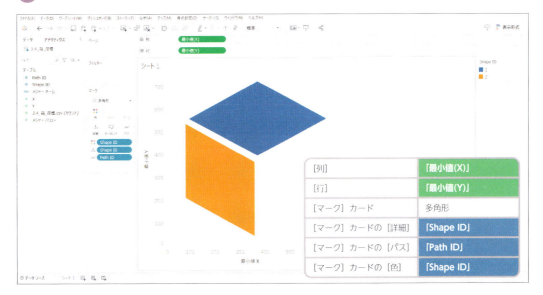

③ メニューバーから［マップ］＞［背景イメージ］＞［3.4_箱_座標］をクリックします。

④ ［イメージを追加］ボタンをクリックします。

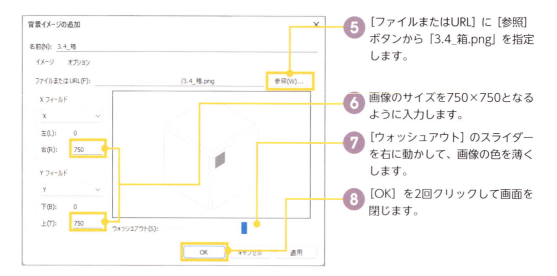

⑨ X軸とY軸をそれぞれダブルクリックし、[範囲]を[カスタム]にします。「開始値を固定」と「終了値を固定」を「0」と「750」とします。

⑩ それぞれの軸を右クリック>[ヘッダーの表示]をクリックして、軸のヘッダーを非表示にします。

⑪ 「点で描画」のディスプレイの例を参考に、軸のヘッダーを非表示にし、[ゼロライン]と[軸線]を「なし」にします。

　図3.4.9のように、箱の画像に合わせて、上面と側面に多角形を表示することができました。
　画像に面を表示する分析例を3つご紹介します。1つ目は、多角形を多く表示した場合、色分けだけでも有効なシーンは多く存在します。たとえば、建設業界では、設計図に載せた多数の部屋を表す多角形を、種別に色分けして、位置関係と種別を素早く把握できるようにしています。2つ目は、フィルターアクションのソースシートとして使う方法です。たとえば、メーカーでは、製品画像上のパーツをクリックすると、そのパーツの詳細情報を表示するようなダッシュボードを使用しています。これにより、画像やパーツの位置を把握しながら、詳細データを確認できます。3つ目は、数値データと組み合わせて使う方法です。先ほどのディスプレイの例と同じ活用方法で、数値の大きさを色で表現して使います。

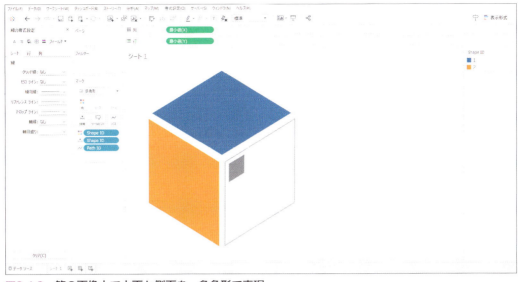

図3.4.9　箱の画像上で上面と側面を、多角形で表現

■ 座標を取得する

　画像は用意できても座標データが存在しないとき、Tableau上で座標を1点1点取得できます。これは、取得したい点の数が少ないときに活用できる方法です。「3.4_ディスプレイ.png」の画像を使って座標を取得してみましょう。

❶「3.4_ディスプレイ.png」の大きさは横1000×高さ700あるので、その範囲に入るような適当な数値でデータを用意します。ここでは画像の左下と右上にプロットできるデータ「3.4_座標作成用.csv」を作成しました。これに接続します。

❷ 本項の冒頭でのディスプレイの例にある❷〜❼を参考に散布図を表示し、背景マップに画像を入れてください。

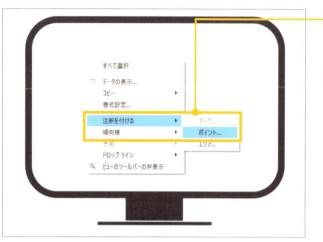

③ 欲しい座標の地点で右クリック＞
[注釈を付ける]＞[ポイント]を
クリックします。

④ そのまま[OK]をクリックして
画面を閉じます。

⑤ 座標が表示されました。ビュー上でポイントの先を動かすと、表示座標が変化します。Tableauに
背景画像を取り入れてから座標を取得できることがわかりました。

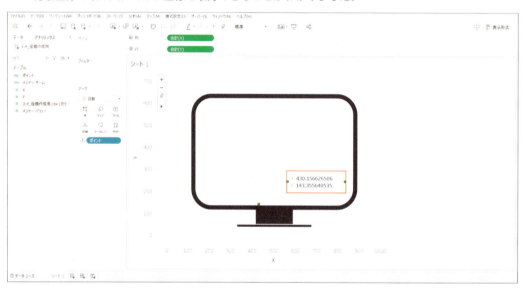

表計算と
LOD表現

本章では、Tableau独自の計算である表計算とLOD（Level of Detail：詳細レベル）表現を扱います。表計算はシートで表示する結果を基に計算し、LOD表現はビューで表す粒度とは異なる粒度で計算します。これらは自由度が高く分析の幅が広がる一方、多くのユーザーにとって最も習得が難しい部分です。机上で学ぶより実際に値を確認しながら練習し、実践することが習得の近道です。本章では、利用場面の多い関数を使って、多くの事例を紹介しています。

表計算

表計算は、ビューの結果に対してさらに計算や変換を行ったり、行数を返したりできる計算です。たとえば、月次の売上を表示したとき各月の売上を年単位で累計したり、売上の多い順でランキングに変換したり、1カ月前の売上を参照して差を計算したりすることが可能です。表計算を適切に使用するポイントは、目的に応じた適切な関数の選択と、区分と方向の指定です。

4.1.1 表計算とは

　表計算は、表示する結果に基づいて行われる計算です。そのため、表計算は行レベルの計算と集計計算とLOD表現の後に実行されます。たとえば、まず行レベルの計算で税込みの売上金額を算出し、次にそれを日ごとに合計し、最後に表計算でそれを月ごとに累計する、といった一連の計算の流れとなります。

> 行レベルの計算 ＞ 集計計算・LOD表現 ＞ 表計算

図4.1.1　**計算の順番**

■ 表計算を使用するときのポイント

　表計算を使う際は、まず素早く使えるように用意されている**簡易表計算**を活用できないかどうかを検討します。求める計算が簡易表計算のリストに見当たらない場合は、表計算関数を含めた計算フィールドを作成します。また、簡易表計算の計算式を改変して計算フィールドを作成するのも、ミスを防ぎ効率を上げる良い方法です。簡易表計算で使用されている関数の使い方も参考になるかもしれません。

［簡易表計算］とは、使用頻度の高い表計算をワンクリックで使用できるようにしたショートカット機能です。たとえば、「差」や「差の割合」から前月や前年同月との比較が簡単に行えます。「前年比成長率」、「年間累計の成長率」もよく使われます。

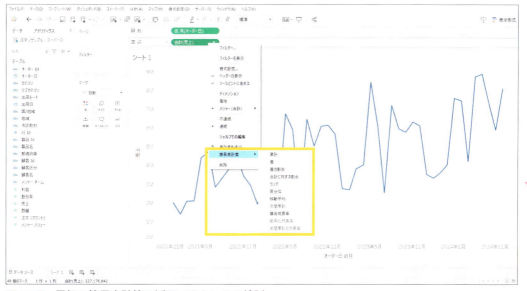

図4.1.2 最初に簡易表計算で活用できないかを検討

　表計算に慣れていないときや複雑な表計算の式を使うときは、クロス集計で確認して検算することをおすすめします。グラフからクロス集計を表示するときは、[シート名]を右クリック >[クロス集計として複製]をクリックします。

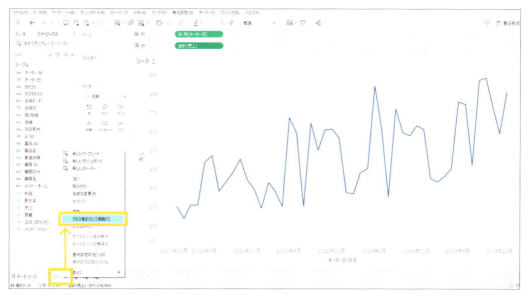

図4.1.3 グラフからクロス集計を作成する操作

201

■ 表計算の区分と方向

　表計算は表示した値に対して計算するものです。このため、簡易表計算や表計算関数を使用したら、計算が適切な範囲で適切な方向で行われているか、必ず確認するようにしましょう。

　たとえば、各カテゴリで月ごとの累計売上を知るために表計算のRUNNING_SUM関数を使用したとします。図4.1.4は、それぞれの「カテゴリ」の範囲で月次売上を累計しており、知りたいことと内容が合致しています。一方、図4.1.5は、各月の範囲で「カテゴリ」の売上を累計しています。表計算では、どの「区分」で範囲を区切り、どの「方向」に計算するかを正しく指定して初めて、正しい結果を得られます。「区分」と「方向」を理解することで、表計算の効果的な活用が可能となります。例を挙げながら、さらに詳しく理解していきましょう。

シート1

オーダー日の月	カテゴリ 家具	家電	事務用品
1月	1,420,503	1,562,185	559,347
2月	2,761,521	2,736,259	1,391,369
3月	4,064,237	3,956,778	2,483,798
4月	5,422,157	5,160,332	3,970,262
5月	7,885,475	7,987,102	6,278,230
6月	10,644,303	10,508,915	8,464,928
7月	11,898,419	11,956,232	9,994,834
8月	14,137,135	15,578,916	12,886,252
9月	18,010,095	18,500,605	14,973,569
10月	20,131,233	20,881,330	17,849,667
11月	21,728,045	23,262,412	19,783,891
12月	23,641,754	26,949,060	22,294,153

図4.1.4　「カテゴリ」ごとに累計

シート1

オーダー日の月	カテゴリ 家具	家電	事務用品
1月	1,420,503	2,982,687	3,542,034
2月	1,341,019	2,515,093	3,347,116
3月	1,302,716	2,523,235	3,615,664
4月	1,357,920	2,561,474	4,047,938
5月	2,463,318	5,290,087	7,598,056
6月	2,758,828	5,280,641	7,467,338
7月	1,254,117	2,701,434	4,231,340
8月	2,238,716	5,861,400	8,752,818
9月	3,872,960	6,794,649	8,881,966
10月	2,121,139	4,501,864	7,377,962
11月	1,596,812	3,977,894	5,912,118
12月	1,913,708	5,600,356	8,110,618

図4.1.5　月ごとに累計

　区分と方向は、表計算のフィールドを右クリックして、[次を使用して計算] もしくは [表計算の編集] で指定します。ここでは例として、1から順番を振るINDEX関数を使用して説明します。INDEX関数は、表計算関数の1つです。「出荷モード」と「年（オーダー日）」と「カテゴリ」のクロス集計を使います。図4.1.6を作成した状態から始めましょう。

図4.1.6 表計算の区分と方向を確認するために作成したクロス集計の枠組み

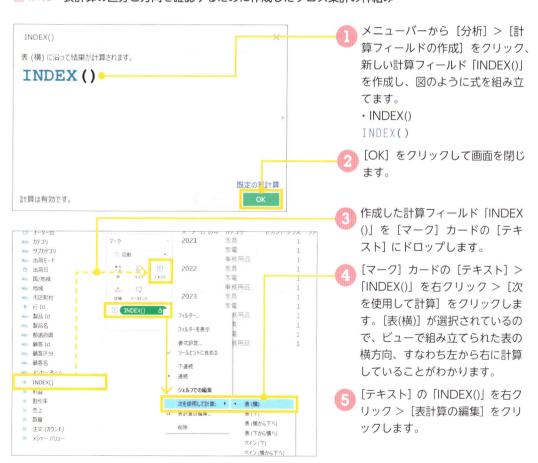

① メニューバーから[分析]>[計算フィールドの作成]をクリック、新しい計算フィールド「INDEX()」を作成し、図のように式を組み立てます。
・INDEX()
  INDEX()

② [OK]をクリックして画面を閉じます。

③ 作成した計算フィールド「INDEX()」を[マーク]カードの[テキスト]にドロップします。

④ [マーク]カードの[テキスト]>「INDEX()」を右クリック>[次を使用して計算]をクリックします。[表(横)]が選択されているので、ビューで組み立てられた表の横方向、すなわち左から右に計算していることがわかります。

⑤ [テキスト]の「INDEX()」を右クリック>[表計算の編集]をクリックします。

図4.1.7でも、[表(横)] が選択されていることが確認できます。❺で選んだ [表計算の編集] は、❹の [次を使用して計算] の設定をより詳細に指定できる設定方法になります。

図4.1.7では、グレーの文字で、[特定のディメンション] として「出荷モード」が選択されています。これは、[表(横)] が意味する、表の横方向に向かって計算するというのは、現在のビューでは「出荷モード」の値が並ぶ方向を指定していることを意味しています。

また、[計算アシスタントの表示] にチェックが入った状態では、表計算が処理する区分を黄色でハイライトします。これにより、横方向つまり「出荷モード」の方向がビューで可視化されるため、よりわかりやすく確認できます。

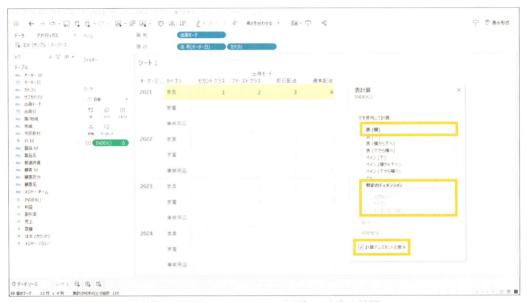

図4.1.7　[次を使用して計算] や [計算アシスタントの表示] で方向を確認

[表(横)] や [表(下)] などは、ビューで作成された表から横方向や下方向という見た目通りの方向に合ったディメンションを自動的に識別します。

表の作り方によらず、[特定のディメンション] から、詳細に区分と方向を指定できます。[特定のディメンション] では、選択したディメンションは方向を、それ以外のディメンションは区分を表します。選択していないディメンションの組み合わせの範囲内で、選択したディメンションの値の方向で計算されます。

言葉で解釈すると、「区分」は「それぞれの～で区切る」と表現でき、「方向」は「～に沿って計算する」と表現できます。図4.1.7の例では、区分は年とカテゴリ、方向は出荷モードなので、「それぞれの『年』と『カテゴリ』の組み合わせで区切って、『出荷モード』の値が並ぶ方向に沿って計算する」と表現できます。

以下、[次を使用して計算] に表示されるリストを、一つずつ確認しましょう。

■ 表（下）

　[表（下）]は、ビューで組み立てられた表の下方向に計算します（図4.1.8）。[特定のディメンション]で確認すると、区分は「出荷モード」、方向は「年」と「カテゴリ」です。それぞれの出荷モードで区切り、年とカテゴリを組み合わせた下方向に沿って計算します。

図4.1.8　表（下）

　[表（横から下へ）]は、左から右に進み、1行下でまた左から右に進みます（図4.1.9）。
　[表（下から横へ）]は、上から下に進み、1列右でまた上から下に進みます（図4.1.10）。

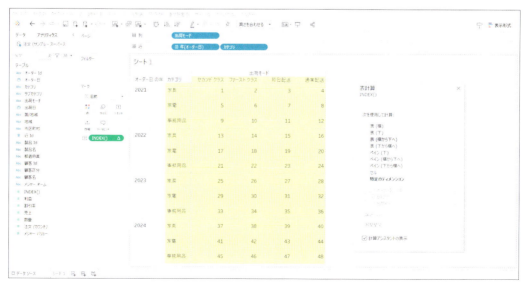

図4.1.9　表（横から下へ）

図4.1.10　表（下から横へ）

■ ペイン

［ペイン］とは、表の行と列によって構成されるエリアで、グレーの枠線で囲われることが多いです。図4.1.11の［ペイン（下）］の場合、区分は「出荷モード」と「年」、方向は「カテゴリ」なので、それぞれの「出荷モード」と「年」の組み合わせで区切り、「カテゴリ」の値に沿った下方向で計算します。

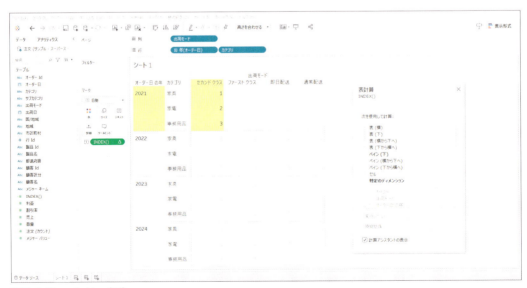

図4.1.11　ペイン（下）

ペイン（横から下へ）は、ペインで区切った範囲の中で、左から右に進み、1行下でまた左から右に進みます（図4.1.12）。

　ペイン（下から横へ）は、ペインで区切った範囲の中で、上から下に進み、1列右でまた上から下に進みます（図4.1.13）。

図4.1.12　ペイン（横から下へ）

図4.1.13　ペイン（下から横へ）

207

■ セル

1つの［セル］の中で計算します。区分を表す「カテゴリ」、「出荷モード」、「年」の組み合わせのエリアは、1つの［セル］になります。図4.1.14はセルごとに番号を振るので、すべて「1」を表示します。

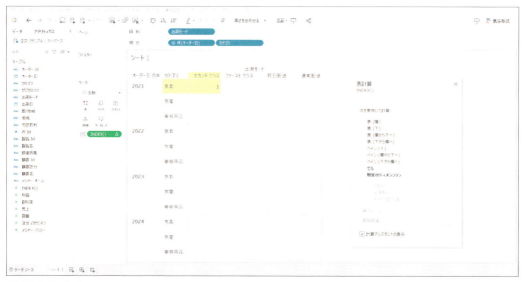

図4.1.14　セル

■ 特定のディメンション

［特定のディメンション］では、ディメンションを選択することで方向と区分を指定できます。また、ディメンション名をドラッグアンドドロップで上下に動かして、順番を変更することもできます。

図4.1.15は、［特定のディメンション］で区分を「年」、方向を「出荷モード」と「カテゴリ」に指定しています。

図4.1.15 特定のディメンションを指定

次項以降では、表計算の種類ごとに、関数の種類と例題を示します。

4.1.2 行数を返す関数

行数を返す関数とは、上から何行目、左から何番目といった値を返します。各関数の動きは、図4.1.16で確認してください。

表4.1.1 行数を返す関数

関数	例	説明
INDEX	INDEX()	行数を返す。最初の行はINDEX()=1
FIRST	FIRST()	最初の行までの行数を返す。最初の行はFIRST()=0、次の行はFIRST()=-1
LAST	LAST()	最後の行までの行数を返す。最後の行はLAST()=0、最後から2行目はLAST()=1
SIZE	SIZE()	区分内の行数を返す。区分に3行あれば、すべての行はSIZE()=3

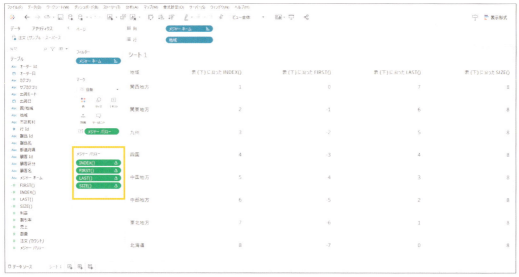

図4.1.16　行数を返す関数の使用例

　以下、行数を返す関数の中で最も使用頻度が高いINDEX関数の使用例を2つ紹介します。1つ目は簡単な例、2つ目は応用例です。

■ 上からN番目までを表示

　各地域の売上上位5位までの「製品名」を表します。「地域」と「製品名」の上位5でフィルターすると、指定の地域におけるデータ全体の上位5の製品名を表示するため、各地域における上位5の製品名が表示されません。3.2.2でコンテキストフィルターを使用した解決策を紹介しましたが、ここでは別解として表計算を使用する方法を紹介します。ディメンションフィルターでデータを絞った後に、表計算を実行することがポイントです。

❶ 表を参考にビューを作成します。

210

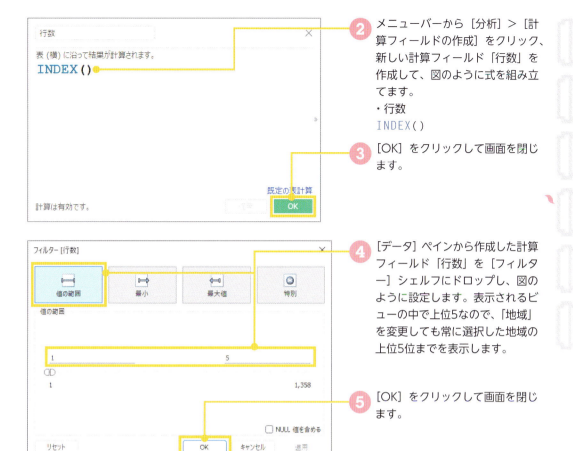

② メニューバーから［分析］＞［計算フィールドの作成］をクリック、新しい計算フィールド「行数」を作成して、図のように式を組み立てます。
・行数
INDEX()

③ ［OK］をクリックして画面を閉じます。

④ ［データ］ペインから作成した計算フィールド「行数」を［フィルター］シェルフにドロップし、図のように設定します。表示されるビューの中で上位5なので、「地域」を変更しても常に選択した地域の上位5位までを表示します。

⑤ ［OK］をクリックして画面を閉じます。

⑥ ビュー内に行数を表示します。［データ］ペインから「行数」を［行］にドロップします。

⑦ ドロップした「行数」を右クリック＞［不連続］をクリックします。

⑧ ［行］で「行数」を「製品名」の左に移動します。

　図4.1.17は、関西地方でデータをフィルターした後に降順に並べ替え、上から5行を表示することで、関西地方の上位5位を表示しています。

図4.1.17 関西地方の上位5位の製品を表示した例

■ 基準日からの変化を表示

開始日が異なる値を、開始日からの経過日数で比較します。ここで使うデータ「4.1_3製品のPOSデータ.csv」には、オーダー日と製品名と売上が含まれます。製品A、B、Cはそれぞれ、2021年、2022年、2023年から販売を開始しましたが、発売からの経過月数で各製品の累計売上を比べます。

ここで使用している「4.1_3製品のPOSデータ.csv」は、本書の付属データとして翔泳社のサイトからダウンロードできます。あらかじめ「付属データのご案内」を参照してダウンロードし、ご利用のマシンの任意の場所に保存しておいてください。

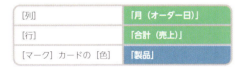

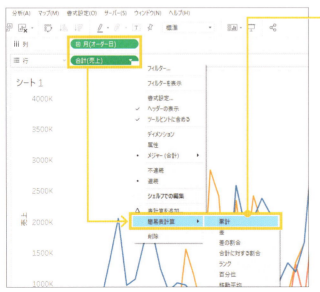

① 「4.1_3製品のPOSデータ.csv」に接続します。

② 新しいシートで、表を参考にビューを作成します。

③ [行]の「合計（売上）」を右クリック＞[簡易表計算]＞[累計]をクリックします。

④ [行]の「合計（売上）」を右クリック＞[次を使用して計算]＞[オーダー日]をクリックします。これにより、どのようなビューの表現方法でも、常に「オーダー日」の方向に沿って計算、つまり「オーダー日」の経過に沿って累積売上を計算するよう、指定しています。

図4.1.18に、ここまでの結果を示します。これから、横軸を発売月数に変更します。発売月数は、発売月から何カ月経過したかを計算します。

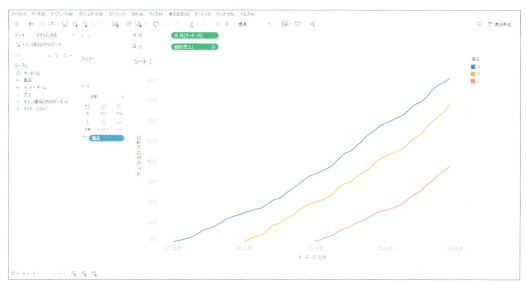

図4.1.18　各製品の発売日からの累計売上

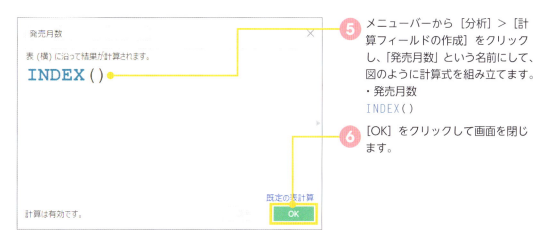

5　メニューバーから［分析］＞［計算フィールドの作成］をクリックし、「発売月数」という名前にして、図のように計算式を組み立てます。
・発売月数
INDEX()

6　［OK］をクリックして画面を閉じます。

7　［マーク］カードの［マーク］タイプを［線］にします。

8　［列］の「月（オーダー日)」を、［マーク］カードの［詳細］にドロップして移動します。

9　［データ］ペインの「発売月数」を［列］にドロップします。

10　［列］の「発売月数」を右クリック＞［次を使用して計算］＞［オーダー日］をクリックします。製品ごとに「オーダー日」の方向に沿って計算、つまり「オーダー日」の経過に沿って、各製品を発売してから経過した月数を計算するよう指定しています。

[列] の「発売月数」を右クリック＞［表計算の編集］をクリックすると、それぞれの「製品」ごとに、「オーダー日」に沿って発売何カ月目なのかを計算していることを確認できます。

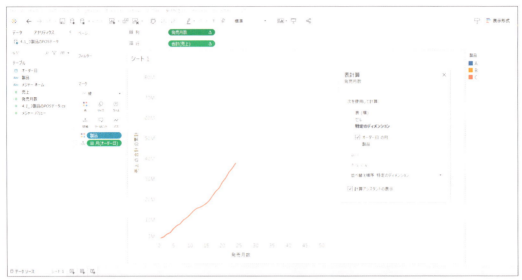

図4.1.19　発売日が異なる製品同士を、発売日からの経過日数で重ねて表示した例

4.1.3 N行前後の値を返す関数

　LOOKUP関数は指定した行数分、前後にずらした行にある値を返す関数です。PREVIOUS_VALUE関数は直前の行を参照して計算する関数で、PREVIOUS_VALUEの後ろにつく() に初期値を指定します。シンプルな使用例は図4.1.20をご覧ください。

表4.1.2　指定した行にある値を返す関数

関数	例	説明
LOOKUP	LOOKUP(SUM([売上]),-1)	相対的に指定行数分ずらした行にある式の値を返す。例の場合、1つ前のSUM(売上)を返す
PREVIOUS_VALUE	PREVIOUS_VALUE(0)+SUM([売上])	前の行の値を返す。例の場合、表示されるより前の行の値を0として、前の行の値に合計売上を加える
	PREVIOUS_VALUE(1)+2	前の行の値を返す。例の場合、表示されるより前の行の値を1として、前の行の値に2を足していく

214

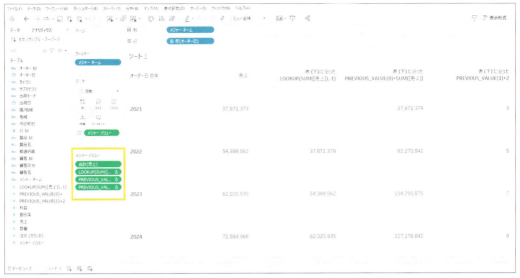

図4.1.20　N行前後の値を返す関数の使用例

LOOKUP関数とPREVIOUS_VALUE関数の使用例を1つずつ示します。

■ 単月の売上年別累計、前月、前年同月、前年比を表示

年月の売上をさまざまな見方で表示します。単月の売上、年別累計、前月、前年同月、前年比をクロス集計で表示します。これは、簡易表計算やLOOKUP関数を使用する代表的な例です。

まず、「年間累計」を、[簡易表計算] から表示します。

[行]	「年（オーダー日）」、「月（オーダー日）」
[マーク] カードの [テキスト]	「合計（売上）」

❶ 表を参考にビューを作成します。

❷ [マーク] カードの [テキスト] の「合計（売上）」を右クリック > [簡易表計算] > [年間累計] をクリックします。累計を年ごとにリセットします。

215

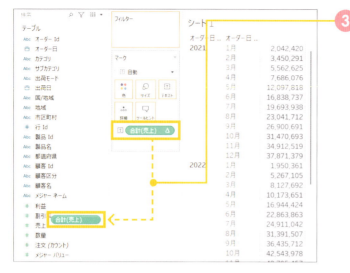

❸ [マーク] カードの [テキスト] にある「合計（売上）」を [データ] ペインにドロップし、「年別累計」という名前を付けます。新たな計算フィールドとして保持されるので、他の場面でも使えます。

次に、「売上」を表示します。

❹ [データ] ペインの「売上」をビュー上の「年別累計」の列のあたりまでドラッグし「表示形式」が出たらドロップします。

次に、前月を表計算関数で作成します。LOOKUP関数を使用して、1カ月前を参照します。

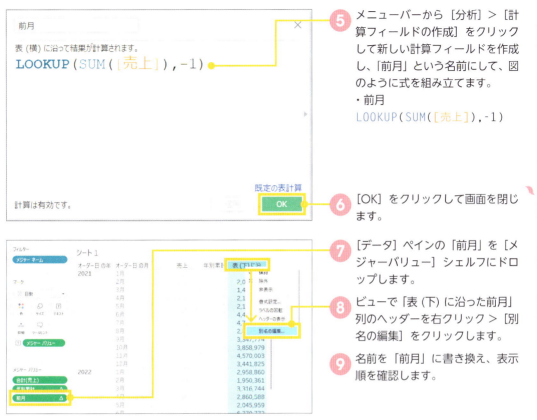

5. メニューバーから[分析]>[計算フィールドの作成]をクリックして新しい計算フィールドを作成し、「前月」という名前にして、図のように式を組み立てます。
・前月
LOOKUP(SUM([売上]),-1)

6. [OK]をクリックして画面を閉じます。

7. [データ]ペインの「前月」を[メジャーバリュー]シェルフにドロップします。

8. ビューで「表(下)に沿った前月」列のヘッダーを右クリック>[別名の編集]をクリックします。

9. 名前を「前月」に書き換え、表示順を確認します。

10. 必要に応じて、列の並び順を変更します。表のヘッダーをドラッグアンドドロップして移動するか、[メジャーバリュー]シェルフのピルを並べ替えます。

次に、「前年同月」を表計算関数で作成します。ここではLOOKUP関数で1年前を参照します。計算式は「前月」と同じですが、[次を使用して計算]で異なるフィールドを指定します。

11. メニューバーから[分析]>[計算フィールドの作成]をクリック、新しい計算フィールド「前年同月」を作成し、図のように式を組み立てます。
・前年同月
LOOKUP(SUM([売上]),-1)

12. [OK]をクリックして画面を閉じます。

⑬ [データ]ペインから作成した「前年同月」を[メジャーバリュー]シェルフにドロップします。

⑭ [メジャーバリュー]シェルフの「前年同月」を右クリック＞[表計算の編集]から図のように設定します。それぞれの月で、年に沿って、1つ前を参照することで、1年前の同じ月の値を返すことができます。

⑮ 右上の[×]ボタンをクリックして画面を閉じます。

⑯ ビュー上で、「オーダー日の年に沿った前年同月」列のヘッダーを右クリック＞[別名の編集]をクリックします。

⑰ 名前を「前年同月」に書き換え、表示順を確認します。

「前年比」を、[簡易表計算]の前年比成長率を編集して作成します。簡易表計算のリストにある計算と近い計算をする場合は、簡易表計算を活用したほうが速くて正確です。

⑱ [メジャーバリュー]シェルフの「合計（売上）」を右クリック＞[簡易表計算]＞[前年比成長率]をクリックします。

⑲ [メジャーバリュー]シェルフの「合計（売上）」を[データ]ペインにドロップし、「前年比」と名前を付けます。

⑳ [データ] ペインの「前年比」を右クリック＞[編集]をクリックして、計算式を下図のように修正します。「前年比成長率」は（今年-前年）/前年なので、「前年比」とするために、今年/前年にします。

・前年比
ZN(SUM(「売上」))
/
ABS(LOOKUP(ZN(SUM([売上])), -1))

㉑ [OK] をクリックして画面を閉じます。

㉒ [データ] ペインの「売上」を [メジャーバリュー] シェルフにドロップし、表示順を整えます。

図4.1.21にここまでの作業結果を示します。

図4.1.21　売上の把握で使われることの多い、単月売上、年別累計、前月、前年同月、前年比を表示

■ 前の行にある値を参照

　月に一度、最新月の行が追記される、会員ランクを表すステータスのデータがあります。ステータスに変更があればA〜Cの値が入り、変更がなければNULL（空）となります。各月で、変更がなくても、直近で入力された値を表示したいとします。「4.1_ステータス変更データ.csv」を使用して、各月のステータスを表示させてみましょう。人事データの職務等級やシステムのメンテナンス情報などでも、同じようなデータをもつことがあります。

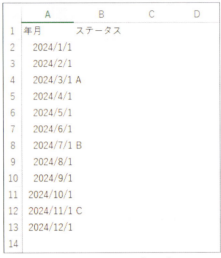

図4.1.22　**4.1_ステータス変更データ.csv**

ここで使用している「4.1_ステータス変更データ.csv」は、本書の付属データとして翔泳社のサイトからダウンロードできます。あらかじめ「付属データのご案内」を参照してダウンロードし、ご利用のマシンの任意の場所に保存しておいてください。

①　「4.1_ステータス変更データ.csv」に接続します。

[行]　「年（年月）」、「月（年月）」、「ステータス」　　②　表を参考にビューを作成します。

❸ メニューバーから[分析]＞[計算フィールドの作成]をクリック、新しい計算フィールド「現在のステータス」を作成し、図のように式を組み立てます。この計算式は、「ステータス」がNULLのときは1つ前の値を返し、NULLでなければその行のステータスを返す、という指示をしています。
・現在のステータス
IIF(ISNULL(MIN([ステータス])),
PREVIOUS_VALUE(''),MIN
([ステータス]))

❹ [OK]をクリックして画面を閉じます。

❺ [データ]ペインから作成した「現在のステータス」を[行]にドロップします。

MEMO ❸で、PREVIOUS_VALUEの括弧に、''だけが入っています。これは、前の行の空の「文字列」を返すときに使用します。最初のステータスをたとえば「一般」にしたい場合は、「'一般'」と入力します。
「ステータス」にMIN関数を付けている理由は、表計算を使う際は、すべてのフィールドを必ず集計する必要があるからです。MIN関数でなくても、MAX関数でもATTR関数でも結果は同じです。

図4.1.23のように、ステータスに変更がなかった月では元のデータにある「ステータス」はNULLですが、表計算で作成した「現在のステータス」には直近で変更されたステータスの値が表示されています。

図4.1.23　各月のステータスを表示

4.1.4 順位を返す関数

　表4.1.3は区分内でランキングを返す関数の一覧です。各関数のランキングのシンプルな使用例は、図4.1.24で確認してください。

表4.1.3　順位を返す関数

関数	例	説明
RANK	RANK(SUM([数量]))	ランキングを返す。同じ値には同じランキングを表示し、次のランキングは複数の同一ランキング数を考慮して割り当てる
RANK_DENSE	RANK_DENSE(SUM([数量]))	ランキングを返す。同じ値には同じランキングを表示し、次のランキングは複数の同一ランキングを1つの値として捉えてランキングを割り当てる
RANK_MODIFIED	RANK_MODIFIED(SUM([数量]))	ランキングを返す。同じ値には同じランキングを表示するが、ランキングは最も大きなランキング数を表示する。次のランキングは複数の同一ランキング数を考慮して割り当てる
RANK_UNIQUE	RANK_UNIQUE(SUM([数量]))	ランキングを返す。同じ値でも異なるランキングを表示し、ランキングを計算している方向に沿ってランキングを割り当てる
RANK_PERCENTILE	RANK_PERCENTILE(SUM([数量]))	ランキングを返す。ランキングは百分位数で表現する

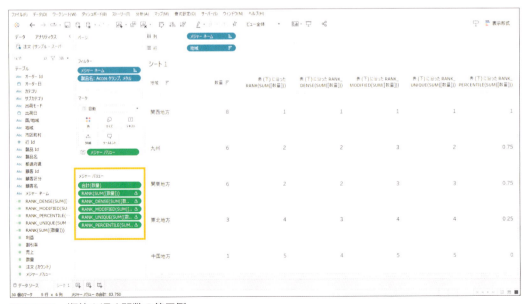

図4.1.24　順位を返す関数の使用例

MEMO ランキングは、値の降順で計算します。昇順に並べる場合は、「asc」というオプションを加えます。
例：RANK(SUM([数量]),'asc')

順位を表す関数がよく使用される3つの使用例を紹介します。

■ ランキングを表示

地域の売上ランキングを［簡易表計算］を使って表現します。地域の隣に、売上ランキングの数字ラベルを表示します。

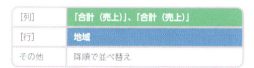

① 表を参考にビューを作成します。右側の棒グラフをランキングに変換してラベルにします。

② ［列］の右側の「合計（売上）」を右クリック＞［簡易表計算］＞［ランク］をクリックします。

③ ［列］の右側の「合計（売上）」をドラッグして［行］に移動します。

④ ［行］の「合計（売上）」を右クリック＞［不連続］をクリックします。

⑤ ［行］の「合計（売上）」をドラッグして［行］の「地域」の左側に移動します。

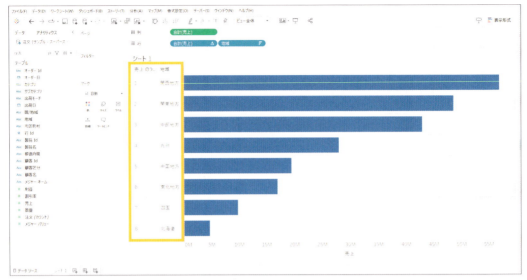

図4.1.25 [簡易表計算] を使ってランキングを表示した例

■ ランキング変化の再生

　図4.1.25のランキングの棒グラフにページ機能を組み合わせることで、たとえば四半期ごとにランキングを変化させ、推移を把握することができます。図4.1.25の続きから操作していきましょう。

❶ [データ] ペインの「オーダー日」を右クリックしながら [ページ] シェルフにドロップし、下の [四半期（オーダー日）] をクリックします。

❷ [OK] をクリックして画面を閉じます。

　図4.1.26のように、各ランクに全四半期で1回でも該当する地域が存在すると、その地域がビューに表示されてしまいます。その結果、指定の四半期ランキングが適切に表示されません。これを解決するには、表計算を行う方向を指定し、行に含めるディメンションを調整する必要があります。

224

図4.1.26 ［ページ］に「四半期（オーダー日）」をドロップした状態

③ ［行］の「合計（売上）」を右クリック ＞ ［次を使用して計算］ ＞ ［地域］にします。常に、地域の方向でランクを計算させます。

④ ［行］の「地域」を［マーク］カードの［ラベル］にドロップして移動します。

「地域」を［行］から外した理由は、［行］で分割する効果を避けるためです。「地域」を［マーク］カードに追加した理由は、［行］にある「合計(売上)」のランキングを「地域」の方向で計算するためで、さらに棒グラフに地域名を表示することでわかりやすくしました。もし地域名を表示させる必要がない場合は、［詳細］にドロップします。

⑤ 必要に応じて、［ラベル］の配置、色等を調整します。

ページの再生で、ランキングの変動が見られるようになりました（図4.1.27）。

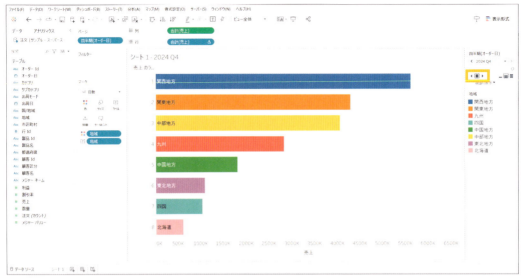

図4.1.27　四半期ごとのランキング推移を変化させた例

COLUMN

アニメーション機能で、ビューが変化する際に少し時間をかけながらなめらかに変化させるかどうかや、変化にかける時間を設定することができます。アニメーション機能により、変化の違いを認識しやすくなります。アニメーションは、デフォルトでオンになっています。メニューバーから［書式設定］＞［アニメーション］をクリックして、［アニメーション］ペインで設定できます。直近で表示したアニメーションを再生することもできます。ツールバーの［アニメーションをリプレイ］をクリックして、再生しましょう。

図4.1.28　アニメーション機能は［アニメーション］ペインで設定

■ ランキングのパーセンタイルで分割

パーセンタイルとは、降順もしくは昇順に数えて、全体の何%に位置するかを表します。ランキングのパーセンタイルでは、ランキングの値に対して、上からもしくは下から何%のランキングに当たるかを算出します。

ここでは「製品」の「売上」ランキングの上位0.5%、上位1%、それ以外で色分けし、ランキングのパーセンタイルを表示させてみます。

❶ 表を参考にビューを作成します。

❷ メニューバーから［分析］＞［計算フィールドの作成］をクリック、新しい計算フィールド「ランキングのパーセンタイル」を作成し、図のように式を組み立てます。
・ランキングのパーセンタイル
RANK_PERCENTILE(SUM([売上]))

❸ ［OK］をクリックして画面を閉じます。

❹ ［データ］ペインから作成した「ランキングのパーセンタイル」を［マーク］カードの［ラベル］にドロップします。

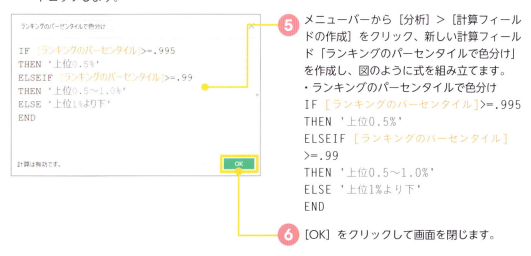

❺ メニューバーから［分析］＞［計算フィールドの作成］をクリック、新しい計算フィールド「ランキングのパーセンタイルで色分け」を作成し、図のように式を組み立てます。
・ランキングのパーセンタイルで色分け
IF ［ランキングのパーセンタイル］>=.995
THEN '上位0.5%'
ELSEIF ［ランキングのパーセンタイル］>=.99
THEN '上位0.5〜1.0%'
ELSE '上位1%より下'
END

❻ ［OK］をクリックして画面を閉じます。

⑦ [データ] ペインから作成した「ランキングのパーセンタイルで色分け」を、[マーク] カードの [色] にドロップします。

図4.1.29　パーセンタイルの区分に従ってランキングを色分けした例

4.1.5 累積する関数

表4.1.4は、区分内で最初の行から累積して、合計したり平均したり集計していく関数の一覧です。シンプルな使用例は図4.1.30をご覧ください。

表4.1.4　累積する関数

関数	例	説明
RUNNING_AVG	RUNNING_AVG(SUM([数量]))	区分内の、累積平均を返す
RUNNING_COUNT	RUNNING_COUNT(SUM([数量]))	区分内の、累積数を返す
RUNNING_MAX	RUNNING_MAX(SUM([数量]))	区分内の、累積最大値を返す
RUNNING_MIN	RUNNING_MIN(SUM([数量]))	区分内の、累積最小値を返す
RUNNING_SUM	RUNNING_SUM(SUM([数量]))	区分内の、累積合計を返す

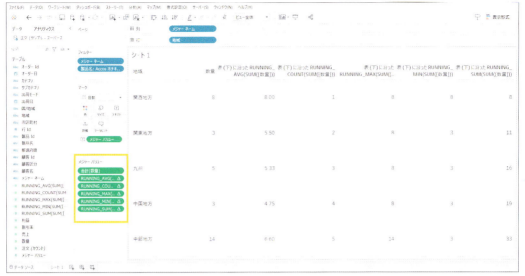

図4.1.30 累積する関数の使用例

累積する関数を使用した2つの例を紹介します。

当月までの平均と最大と最小の値

月ごとに合計売上の推移を表現するとともに、毎月累積していった売上の平均値、最大値、最小値を折れ線グラフで表します。

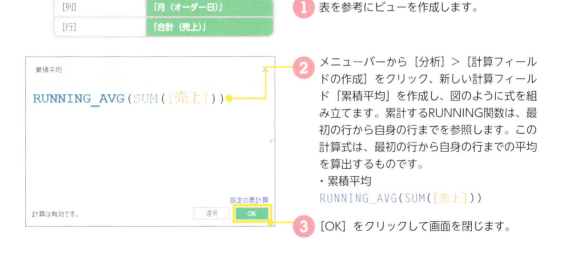

❶ 表を参考にビューを作成します。

❷ メニューバーから[分析]>[計算フィールドの作成]をクリック、新しい計算フィールド「累積平均」を作成し、図のように式を組み立てます。累計するRUNNING関数は、最初の行から自身の行までを参照します。この計算式は、最初の行から自身の行までの平均を算出するものです。

・累積平均
RUNNING_AVG(SUM([売上]))

❸ [OK]をクリックして画面を閉じます。

④ [データ]ペインから、作成した「累積平均」を「合計(売上)」を表す縦軸上にドラッグし、緑の縦棒2つが表示されたらドロップします。

⑤ メニューバーから[分析]>[計算フィールドの作成]をクリック、新しい計算フィールド「累積最大」を作成し、次のように式を組み立てます。
・累積最大
```
RUNNING_MAX(SUM([売上]))
```

⑥ 同様に、新しい計算フィールド「累積最小」を作成し、次のように式を組み立てます。
・累積最小
```
RUNNING_MIN(SUM([売上]))
```

⑦ [データ]ペインの「累積最大」と「累積最小」を[メジャーバリュー]シェルフにドロップします。

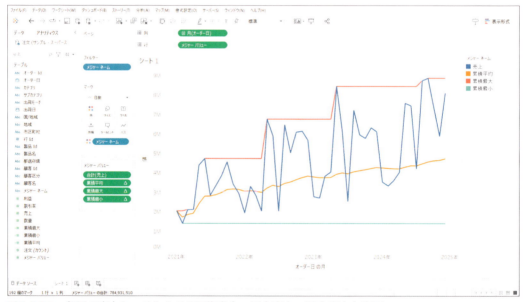

図4.1.31 各月の売上と、それまでの平均売上、最大売上、最小売上を表示

過去最高記録の更新月を判別

年月の「売上」が、最高記録を更新した月を、棒グラフの色を使用して識別します。

[列]	「年(オーダー日)」、「月(オーダー日)」
[行]	「合計(売上)」
[マーク]タイプ	「棒」

① 表を参考にしてビューを作成します。

❷ メニューバーから［分析］＞［計算フィールドの作成］をクリック、新しい計算フィールド「売上更新月」を作成し、図のように式を組み立てます。累計するRUNNING関数は、最初の行から自身の行までを参照します。この計算式は、最初の行から自身の行までの最大値が、自身の行と同じかどうかを判定するものです。

・売上更新月
RUNNING_MAX(SUM([売上]))
=SUM([売上])

❸ ［OK］をクリックして画面を閉じます。

❹ ［データ］ペインから、作成した「売上更新月」を［マーク］カードの［色］にドロップします。

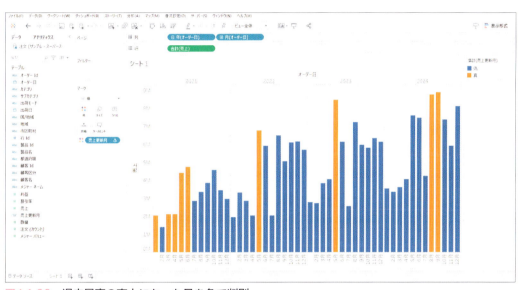

図4.1.32　過去最高の売上になった月を色で判別

4.1.6 集計する関数

集計する関数とは、区分内や指定した範囲内で、集計値を返す関数です。

表4.1.5は、引数に1つの式を指定する関数の一覧です。図4.1.33にシンプルな使用例を示します。

表4.1.5　引数に1つの式を指定する集計関数

関数	例	説明
WINDOW_AVG	WINDOW_AVG(SUM([数量]))	指定の範囲内の、平均を返す
WINDOW_COUNT	WINDOW_COUNT(SUM([数量]))	指定の範囲内の、数を返す
WINDOW_MAX	WINDOW_MAX(SUM([数量]))	指定の範囲内の、最大値を返す
WINDOW_MEDIAN	WINDOW_MEDIAN(SUM([数量]))	指定の範囲内の、中央値を返す
WINDOW_MIN	WINDOW_MIN(SUM([数量]))	指定の範囲内の、最小値を返す
WINDOW_PERCENTILE	WINDOW_PERCENTILE(SUM([数量]),0.2)	指定の範囲内の、パーセンタイルの値を返す
WINDOW_STDEV	WINDOW_STDEV(SUM([数量]))	指定の範囲内の、標本標準偏差を返す
WINDOW_STDEVP	WINDOW_STDEVP(SUM([数量]))	指定の範囲内の、母標準偏差を返す
WINDOW_SUM	WINDOW_SUM(SUM([数量]))	指定の範囲内の、合計を返す
WINDOW_VAR	WINDOW_VAR(SUM([数量]))	指定の範囲内の、標本分散を返す
WINDOW_VARP	WINDOW_VARP(SUM([数量]))	指定の範囲内の、母分散を返す
TOTAL	TOTAL(SUM([数量]))	区分内の、合計を返す

図4.1.33　引数に1つの式を指定する集計関数の使用例

　表4.1.6は、引数に2つの式を指定する関数の一覧です。図4.1.34にシンプルな使用例を示します。

表4.1.6　引数に2つの式を指定する集計関数

関数	例	説明
WINDOW_CORR	WINDOW_CORR(SUM([数量]),SUM([利益]))	指定の範囲内の、2つの式の相関係数を返す
WINDOW_COVAR	WINDOW_COVAR(SUM([数量]),SUM([利益]))	指定の範囲内の、2つの式の標本共分散を返す
WINDOW_COVARP	WINDOW_COVARP(SUM([数量]),SUM([利益]))	指定の範囲内の、2つの式の母共分散を返す

233

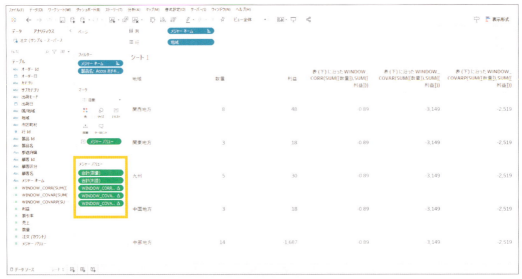

図4.1.34 引数に2つの式を指定する集計関数の使用例

引数に1つの式を指定する集計関数を使用した、2つの使用例をご紹介します。

■ 年平均との差

年月の「売上」と、各年の平均売上との差を同時に表示します。売上が折れ線グラフで、差が棒グラフです。

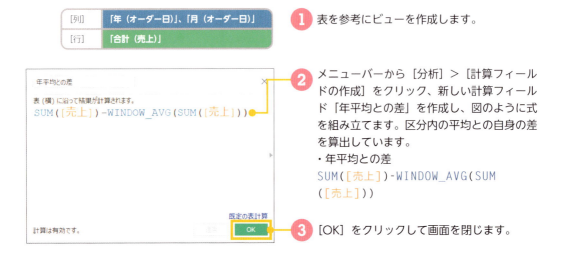

① 表を参考にビューを作成します。

② メニューバーから［分析］＞［計算フィールドの作成］をクリック、新しい計算フィールド「年平均との差」を作成し、図のように式を組み立てます。区分内の平均との自身の差を算出しています。
・年平均との差
SUM([売上])-WINDOW_AVG(SUM([売上]))

③ ［OK］をクリックして画面を閉じます。

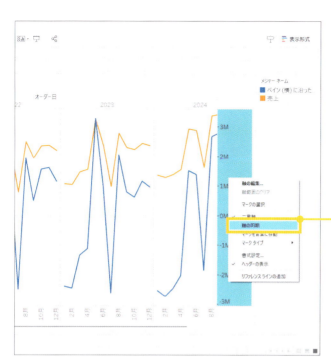

④ 作成した「年平均との差」を[行]にドロップします。

⑤ [行]の「年平均との差」を右クリック>[次を使用して計算]>[表(ペイン)]にします。この指定によって、年ごとに平均を計算します。

⑥ [行]の「年平均との差」を右クリック>[二重軸]をクリックします。

⑦ 右側の縦軸を右クリック>[軸の同期]をクリックします。

⑧ [マーク]カードの[すべて]をクリックして開きます。

⑨ [色]にある[メジャーネーム]を削除します。

⑩ [マーク]カードの「年平均との差」を開きます。

⑪ [マーク]タイプを[棒]にします。

⑫ [行]にある「年平均との差」を、Windowsの場合は[Ctrl]キーを押しながら、macOSの場合は[Command]キーを押しながら、[マーク]カードの[色]にドロップします。[行]で設定した[次を使用して計算]の指定が維持されたまま、ピルが複製・生成されます。

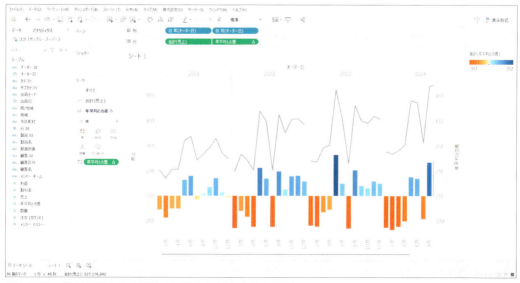

図4.1.35 各月の売上を年単位で平均した値との差を表示

235

■ 全体の上位10%、上位30%、それ以外で色分け

ここでは、3.4で使用した大手民泊サイトAirbnbでの東京の宿泊施設情報「3.4_Airbnb Tokyo Listing.csv」を使用します。各ユーザーの平均価格を、高い順に上位10パーセンタイル、30パーセンタイル、それ以下に色分けして地図で表してみます。これにより、平均価格の傾向を確認できます。

① 「3.4_Airbnb Tokyo Listing.csv」に接続します。

② [データ] ペインの「latitude」と「longitude」をダブルクリックします。

③ [データ] ペインの「Id」を [マーク] カードの [詳細] にドロップします。

④ メニューバーから [分析] > [計算フィールドの作成] をクリック、新しい計算フィールド「平均価格で色分け」を作成し、図のように式を組み立てます。

・平均価格で色分け
```
IF AVG([Price])>=WINDOW_PERCENTILE(AVG([Price]),0.9)
THEN '上位10%'
ELSEIF AVG([Price])>=WINDOW_PERCENTILE(AVG([Price]),0.7)
THEN '上位10-30%'
ELSE '上位30-100%' END
```

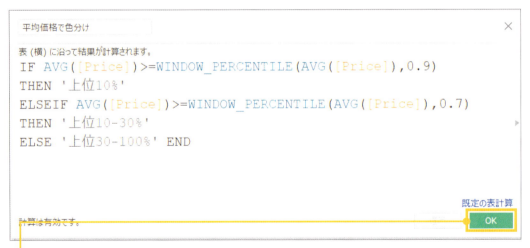

⑤ [OK] をクリックして画面を閉じます。

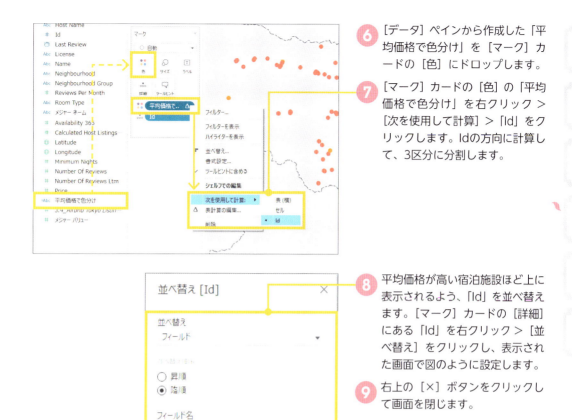

6 [データ] ペインから作成した「平均価格で色分け」を [マーク] カードの [色] にドロップします。

7 [マーク] カードの [色] の「平均価格で色分け」を右クリック＞[次を使用して計算]＞「Id」をクリックします。Idの方向に計算して、3区分に分割します。

8 平均価格が高い宿泊施設ほど上に表示されるよう、「Id」を並べ替えます。[マーク] カードの [詳細] にある「Id」を右クリック＞[並べ替え] をクリックし、表示された画面で図のように設定します。

9 右上の [×] ボタンをクリックして画面を閉じます。

10 ビュー右上にある色の凡例をドラッグアンドドロップして、上位→下位になるよう並べ替えます。

　上位10パーセンタイルの宿泊施設は東京都心に集中していることが確認できます（図4.1.36）。

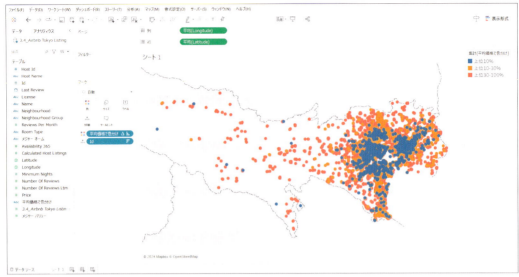

図4.1.36　都内の宿泊施設の金額設定がわかる

4.1.7 ネストされた表計算

　1つの計算フィールドで複数の表計算を使用する場合、それぞれの表計算に対して区分と方向を設定できます。簡易表計算では、累計と移動計算に対して2つ目の簡易表計算を設定できます。表計算の計算フィールドでは、別の表計算の計算フィールドが含まれる場合、それぞれの表計算に対して［次を使用して計算］を指定できます。以下に、簡易表計算の使用例と、計算フィールドの使用例をそれぞれ紹介します。

■ 月ごとの売上合計の累計で、地域別のランキングを表示

　月ごとの売上を累積し、年初からの累積売上に基づいて最新年における地域のランキングを表示します。累計とランキングの算出に表計算を使用します。

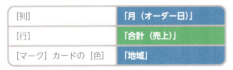

❶ 表を参考にビューを作成します。

❷ 最新年のみを表示するため、［データ］ペインの「オーダー日」を［フィルター］シェルフにドロップし、[年]、[次へ] とクリックします。

❸ 表示された「フィルター［オーダー日］」の画面で、画面下部の［ワークブックを開いたときに最新の日付値にフィルターします］にチェックを入れます。

④ [OK] をクリックして画面を閉じます。

⑤ [行] の「合計 (売上)」を右クリック > [簡易表計算] > [累計] をクリックします。

⑥ [行] の「合計 (売上)」を右クリック > [表計算の編集] をクリックし、図のように設定します。[セカンダリ計算の追加] をクリックすると、2つ目の簡易表計算が設定できます。累計は、それぞれの地域で月に沿って計算し、ランクは、それぞれの月で地域に沿って計算します。

⑦ [×] をクリックして画面を閉じます。

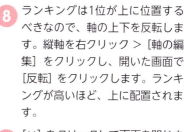

⑧ ランキングは1位が上に位置するべきなので、軸の上下を反転します。縦軸を右クリック > [軸の編集] をクリックし、開いた画面で [反転] をクリックします。ランキングが高いほど、上に配置されます。

⑨ [×] をクリックして画面を閉じます。

239

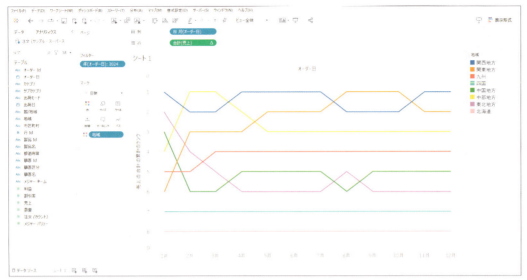

図4.1.37　累計売上に基づく地域のランキング推移

 ランキングの軸に0が表示されることが気になる場合、[行] の「合計（売上）」を [データ] ペインに移動させてから、データ型を「小数」にします。そして、軸の開始値を0.2など0以上1未満の値に設定します。

■ サブカテゴリの売上ランキングを前年のランキングと比較

年ごとに「サブカテゴリ」の「売上」でランキングを算出し、前年と比較したランキングの上昇または下降の変化を矢印で示します。ランキングの計算と前年との差の算出に、表計算を使用します。

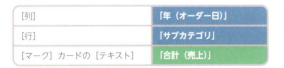

① 表を参考にビューを作成します。

② [マーク] カードの [テキスト] の「合計（売上）」を右クリック ＞ [簡易表計算] ＞ [ランク] を選択します。

③ [マーク] カードの [テキスト] の「合計（売上）」を右クリック ＞ [次を使用して計算] ＞ [サブカテゴリ] をクリックします。それぞれの年で、サブカテゴリに沿ってランキングを計算するよう指定しました。

④ [テキスト] の「合計（売上）」を [データ] ペインにドロップし、「売上ランキング」という名前にします。

⑤ [マーク] カードの [マーク] タイプを [形状] にします。

⑥ メニューバーから［分析］＞［計算フィールドの作成］をクリック、新しい計算フィールド「ランキングの増減」を作成し、図のように式を組み立てます。

・ランキングの増減
```
IF LOOKUP([売上ランキング],-1)>[売上ランキング] THEN 'UP'
ELSEIF LOOKUP([売上ランキング],-1)<[売上ランキング] THEN 'DOWN'
ELSEIF LOOKUP([売上ランキング],-1)=[売上ランキング] THEN 'STAY'
END
```

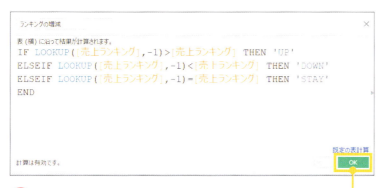

⑦ ［OK］をクリックして画面を閉じます。

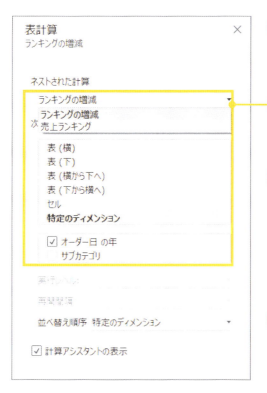

⑧ ［データ］ペインから、作成した「ランキングの増減」を［マーク］カードの［形状］にドロップします。

⑨ ［マーク］カードの［形状］の「ランキングの増減」を右クリック＞［表計算の編集］をクリックして図のように設定します。

⑩ ［ネストされた計算］のプルダウンから、「売上ランキング」が「サブカテゴリ」、「ランキングの増減」が「オーダー日の年」の方向であることを確認します。表計算のフィールドが複数含まれる場合、［ネストされた計算］でそれぞれの区分と方向を指定します。

⑪ ［×］をクリックして画面を閉じます。

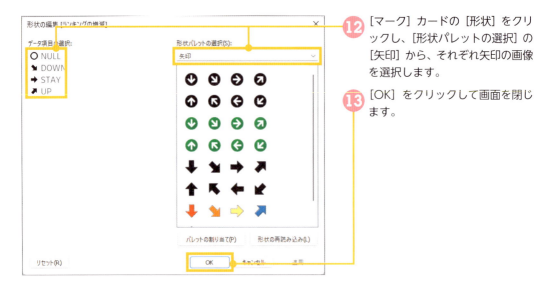

⑫ ［マーク］カードの［形状］をクリックし、［形状パレットの選択］の［矢印］から、それぞれ矢印の画像を選択します。

⑬ ［OK］をクリックして画面を閉じます。

⑭ ［マーク］カードの［形状］にある「ランキングの増減」を、Windowsの場合は［Ctrl］キーを押しながら、macOSの場合は［Command］キーを押しながら、［マーク］カードの［色］にドロップします。［形状］のピルを残したまま、設定を保持して複製したピルを［色］に含めることができました。

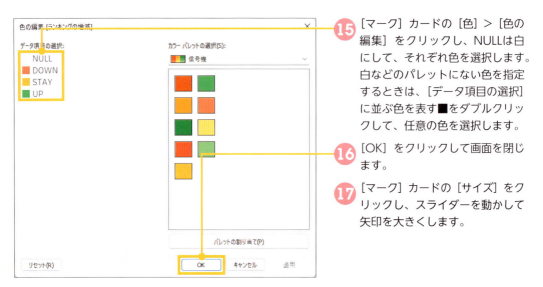

⑮ ［マーク］カードの［色］＞［色の編集］をクリックし、NULLは白にして、それぞれ色を選択します。白などのパレットにない色を指定するときは、［データ項目の選択］に並ぶ色を表す■をダブルクリックして、任意の色を選択します。

⑯ ［OK］をクリックして画面を閉じます。

⑰ ［マーク］カードの［サイズ］をクリックし、スライダーを動かして矢印を大きくします。

図4.1.38　売上ランキングを前年のランキングと比較して矢印で上昇・下降を表示

4.1.8 表計算の結果をフィルター

　表計算で参照しているデータをディメンションフィルターやメジャーフィルターでフィルターすると、参照するデータがなくなってしまい、表計算の値が表示されません。この問題を解決するには、表計算でフィルターする必要があります。表計算フィルターはデータそのものをフィルターするのではなく、ビューに表示される内容をフィルターします。ここでは2つの使用例を紹介します。先の3.2.1でも、表計算フィルターを取り上げています。

■ 前年比成長率を表示後、年でフィルター

　売上と前年比成長率を同時に表示しつつ、2024年でフィルターします。このとき、年のフィルターには「オーダー日」を直接は使用せず、「オーダー日」を用いて作成する表計算の計算フィールドを使用します。

[列]	「年（オーダー日）」、「月（オーダー日）」
[行]	「合計（売上）」、「合計（売上）」

❶ 表を参考にビューを作成します。

❷ [行] の右側の「合計(売上)」を右クリック > [簡易表計算] > [前年比成長率] をクリックします。

❸ [行] の右側の「合計(売上)」を右クリック > [二重軸] をクリックします。

243

❹ [マーク] カードの [マーク] タイプを、1つ目の [合計 (売上)] を「棒」、2つ目を「線」にします。

「オーダー日」を [フィルター] シェルフに入れて、2024年でフィルターすると、2023年のデータがないので前年比成長率が表示されません。そこで、表計算フィルターを使います。[フィルター] シェルフに「(年)オーダー日)」をドロップした場合、削除しておきます。

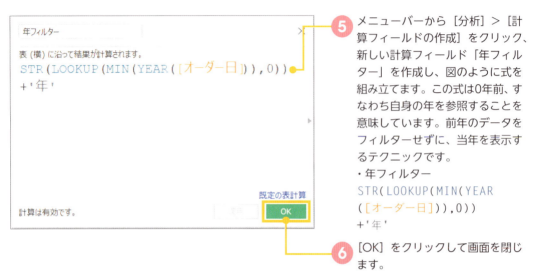

❺ メニューバーから [分析] > [計算フィールドの作成] をクリック、新しい計算フィールド「年フィルター」を作成し、図のように式を組み立てます。この式は0年前、すなわち自身の年を参照することを意味しています。前年のデータをフィルターせずに、当年を表示するテクニックです。

・年フィルター
STR(LOOKUP(MIN(YEAR([オーダー日])),0))
+'年'

❻ [OK] をクリックして画面を閉じます。

❼ [データ] ペインから作成した「年フィルター」を [フィルター] シェルフにドロップし、「2024年」にチェックを入れます。

❽ [OK] をクリックして画面を閉じます。

図4.1.39　表計算フィルターを使って2024年のみ、表計算の結果を表示

■ 地域のランキング表示後、地域でフィルター

四半期ごとの「地域」別の売上ランキングの推移を表して、そのランキングを維持したまま、見せる「地域」を減らすフィルターをします。このとき、フィルターには「地域」を使用せず、地域を用いて作成する表計算の計算フィールドを使用します。

❶ 表を参考にビューを作成します。

❷ [行] の「合計 (売上)」>[簡易表計算]>[ランク] をクリックします。

❸ [行] の「合計 (売上)」>[次を使用して計算]>[地域] をクリックします。それぞれの四半期で、地域に沿ってランキングを計算するよう指定します。

❹ ビューの縦軸を右クリック>[軸の編集] をクリックします。

❺ [反転] をクリックし、[×] をクリックして画面を閉じます。

「地域」を [フィルター] シェルフに入れて3つの地域でフィルターすると、3つの地域の中でのランキングが表示されます。しかし、ここでは表示されるランキングがあくまでもすべての地域を対象として計算されたものになるようにし、かつ表示する地域をコントロールできるようにしてみます。この目的を達成するために、表計算でフィルターします。[フィルター] シェルフに「地域」をドロップした場合、削除しておきます。

❻ メニューバーから [分析]>[計算フィールドの作成] をクリック、新しい計算フィールド「地域フィルター」を作成し、図のように式を組み立てます。
・地域フィルター
LOOKUP(MIN([地域]), 0)

❼ [OK] をクリックして画面を閉じます。

❽ [データ] ペインから作成した「地域フィルター」を [フィルター] シェルフにドロップします。

❾ 上から3つの値にチェックを入れ、[OK] をクリックして画面を閉じます。

❿ ［フィルター］シェルフの「地域フィルター」を右クリック ＞［フィルターを表示］をクリックします。

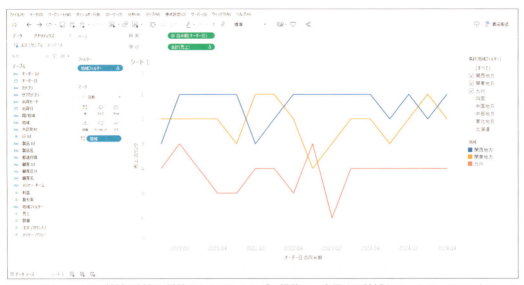

図4.1.40　すべての地域を対象に計算されたランキングの推移で、表示する地域をフィルターでコントロール

LOD（詳細レベル）表現

LOD（エル・オー・ディー）はLevel of Detailの略で、日本語では「詳細レベル」と訳されます。LODは、データを集約する際にどのディメンションを基準にまとめるかを指定します。LOD表現を使った計算式を作成すると、ビューでまとめたデータの粒度とは異なる粒度で計算を行うことができます。たとえば、地域ごとにグラフ化していても、顧客ごとの平均売上を地域ごとに平均して、各地域の1人当たりの平均売上を表現することが可能になります。

4.2.1 LOD表現とは

LOD表現を使用すると、ビューで表示するデータの集計粒度をより細かくしたり、より粗くしたりと、自由に変更することができます。

具体例で理解を深めましょう。図4.2.1では、売上を集計しています。

図4.2.1　LOD表現を使っていない売上集計と、使った売上集計

LOD表現を使用しない場合、図の1列目のように地域・都道府県ごとに売上を合計した値が表示されます。一方で、2列目と3列目ではLOD表現の計算フィールドを使用しています。2列目は、市区町村ごとの合計売上を都道府県ごとに平均した値を表示し、3列目は各都道府県が属する地域の合計売上を表現しています。このように、ビューでは地域・都道府県のレベルで表示してい

247

ても、LOD表現を使用することでより細かい市区町村単位で合計したものを平均したり、より粗い地域単位の値を算出したりするなど、集計の粒度を自在にコントロールして表示することができます。

　LODとは、データをどのディメンションでまとめるかを指す集計レベルやデータの粒度を指します。

　LOD表現を使用しない場合、ビューのLODは図4.2.2でピンク色に表示されたシェルフやカードにドロップしたディメンションでまとめられたデータの粒度となります。メジャーは、これらのディメンションで切り分けられて集計されます。図4.2.1では、ビューのLODは地域と都道府県であり、合計売上は地域・都道府県で分けられた値が表示されています。

　ビューのLODとは異なる粒度で計算を行う際には、LOD表現を含めた計算フィールドを使用します。LOD表現には、次の3つのLOD式が用意されています。

- FIXED：指定したディメンションの粒度に、データを集計
- INCLUDE：ビューのLODをベースに、より細かい粒度を指定
- EXCLUDE：ビューのLODをベースに、より粗い粒度を指定

　図4.2.1では、2列目で使用した計算フィールドにINCLUDEで市区町村を指定してビューのLODに市区町村を加え、3列目で使用した計算フィールドにEXCLUDEで都道府県を指定してビューのLODから都道府県を除いています。

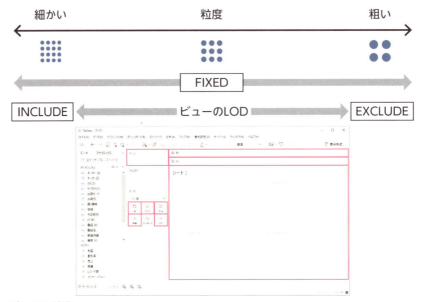

図4.2.2　データの粒度

248

■ LOD式の書き方

図4.2.3にLOD式の構文を示します。最初と最後に{}（波括弧）を記述します。その中にLOD式、指定のディメンション、：（コロン）、集計式を入力します。ディメンションは複数指定することができ、集計式には四則演算や論理式を使用することも可能です。

```
      FIXED
  {  INCLUDE    <ディメンション>       :   集計関数(<フィールド>) }
      EXCLUDE

●書き方の例

  {   FIXED     [顧客ID]              :   SUM([売上])              }
  {   FIXED     [カテゴリ], [顧客ID]   :   MAX([日付]) - MAX([日付]) }
```

図4.2.3　LOD式の構文

FIXEDの後ろにディメンションを指定しない場合、データ全体で集計されます。その場合、「FIXED:」は省略することができます。

```
  { FIXED : SUM([売上]) }
  {          SUM([売上]) }
```

図4.2.4　データ全体で集計するときのLOD式の構文

LOD式を使用してビューのLODよりデータを細かく計算する例と、粗く計算する例を通じて、理解を深めていきましょう。

■ LOD式の使い方の例：ビューよりも粒度を細かく計算する

ビューのLODより細かい粒度で集計する例を紹介します。この例では、「サブカテゴリ」の合計売上を「カテゴリ」ごとに平均して表示します。ビューは「カテゴリ」ごとに表示されるため、ビューのLODは「カテゴリ」ですが、集計にはより細かい粒度である「サブカテゴリ」を使用する必要があります。つまり、図4.2.5の平均線で表示されている値を「棒」で表現します。図4.2.5では、「サブカテゴリ」の合計売上が棒グラフで示され、「カテゴリ」ごとにその棒の値を平均した値が平均線で表されています。

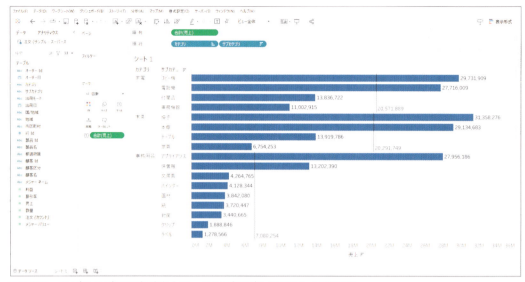

図4.2.5 サブカテゴリの合計売上を、カテゴリごとに平均した平均線

これは、FIXEDとINCLUDEのどちらでも実現できます。

まず、計算フィールド内で、FIXEDを用いてLODを「サブカテゴリ」に指定することで、サブカテゴリごとに合計売上を計算します。それをビュー上で、ビューのLODであるカテゴリごとに平均して表示します。

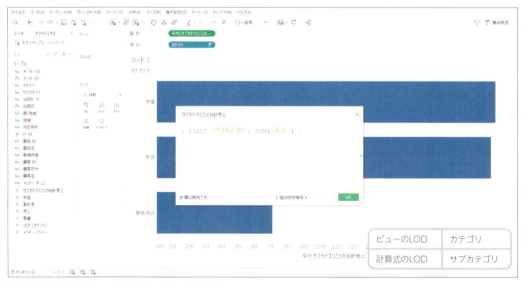

図4.2.6 FIXEDで粒度を細かく計算した例

250

図4.2.6と同じことをINCLUDEを使用して表現してみます。INCLUDEでサブカテゴリごとに合計売上を算出し、ビューのLODであるカテゴリごとに平均します。

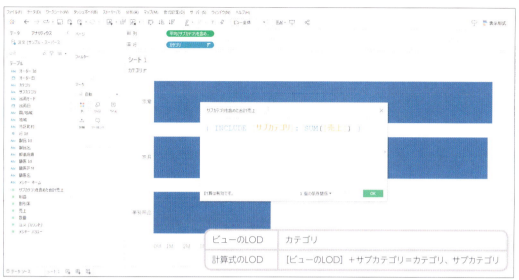

図4.2.7　INCLUDEで粒度を細かく計算した例

■ LOD式の使い方の例：ビューよりも粒度を粗く計算する

　次に、ビューのLODよりも粒度を粗くして、より大まかな単位で集計する例を紹介します。この例では、各「カテゴリ」で「サブカテゴリ」ごとの「売上」が占める割合を計算します。ビューは「サブカテゴリ」ごとに表示されますが、割合を算出する際の分母としてはより粗い粒度である「カテゴリ」で集計する必要があります。これは、FIXEDとEXCLUDEのどちらでも実現できます。

　図4.2.8のようにFIXEDを使用してLODを「カテゴリ」に指定することで、カテゴリごとの売上を求めることができます。図の左側の棒グラフで示されているサブカテゴリごとの売上を分子として、先ほどの分母で割ることで求める割合を算出しています（図4.2.9）。

251

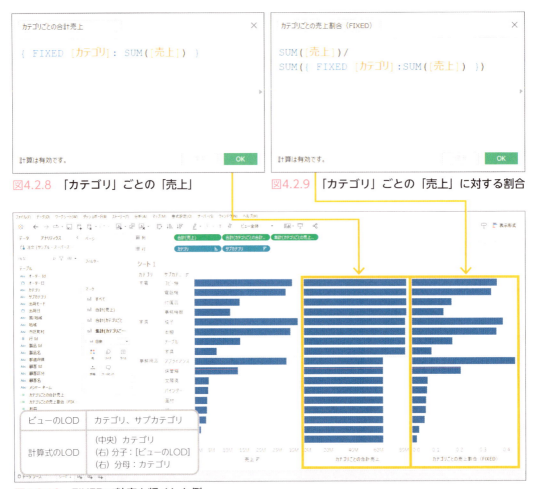

図4.2.10　FIXEDで粒度を粗くした例

　図4.2.10と同じことをEXCLUDEを使用して表現してみます。図4.2.11のように、EXCLUDEを使用してビューのLODである「カテゴリ」と「サブカテゴリ」から「サブカテゴリ」を除外することで、「カテゴリ」単位の合計売上を算出します。図の左側の棒グラフで示されているサブカテゴリごとの売上を分子として先ほどの分母で割ることで（図4.2.12）、求める割合を算出しています。

図4.2.13　EXCLUDEで粒度を粗くした例

■ LOD表現を使用するときのポイント

　LOD表現に慣れていない場合や複雑なLODの式を使用する際は、クロス集計で確認することをおすすめします。グラフからクロス集計を表示するには、[シート名]を右クリック＞[クロス集計として複製]をクリックします。

　LOD表現がうまく書けないときは、小さなサンプルデータを作成して試してみることをおすすめします。すべてのデータが一目で確認できると、指定し忘れたディメンションや集計方法のミスに気づきやすくなります。

　LOD式が必要なケースの多くは、FIXEDを使用することで対応できます。ディメンションの粒度を固定できるFIXEDは理解しやすいので、まずはFIXEDを使いこなすことから始めましょう。

253

COLUMN

LOD表現を素早く作成できる**クイックLOD**という機能を紹介しましょう。クイックLODには2つの操作方法があります。ここでは、以下のようにFIXEDを用いてカテゴリごとの合計売上を計算するとします。

```
{ FIXED [カテゴリ] : SUM([売上]) }
```

LOD表現をコンテキストメニューから作成

① ［データ］ペインでディメンションの「カテゴリ」と、メジャーの「売上」を両方選択します。2つ目のフィールドを同時に選択するには、［Ctrl］キーを押しながら操作します。

② ［データ］ペインで、どちらかのフィールドを右クリック ＞ ［作成］ ＞ ［LOD計算］をクリックします。

③ 「売上(カテゴリ)」という名前の計算フィールドが立ち上がり、FIXEDの式が記述されます。

図4.2.14　LOD表現をコンテキストメニューから作成

［データ］ペインで操作して作成

① ［データ］ペインで、［Ctrl］キーを押しながらメジャーの「売上」をドラッグし、ディメンションの「カテゴリ」にドロップします。

② 「売上(カテゴリ)」という名前の計算フィールドが作成され、1つ目の方法と同じ計算式が記述されます。

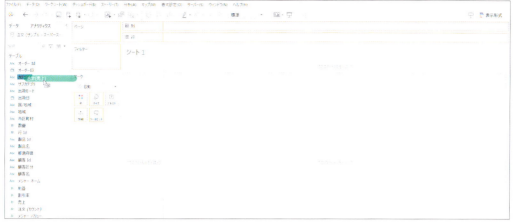
図4.2.15 ［データ］ペインで操作して作成

4.2.2 LOD表現とフィルターの処理の順序

　LOD表現を使用する際は、フィルターが適用されるタイミングを意識する必要があります。フィルターは、次の図に示す順序で適用されます。

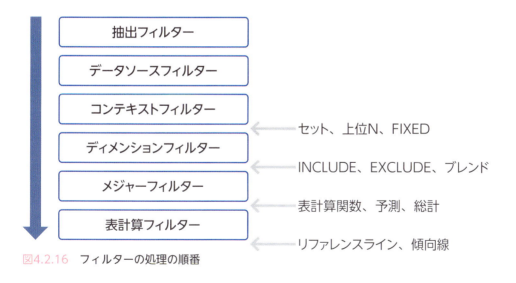
図4.2.16 フィルターの処理の順番

フィルター処理の順序が影響する例を1つ紹介します。コンテキストフィルター、FIXED、ディメンションフィルター、EXCLUDEの順番で処理することを確認します。各都道府県が占める「売上」の割合をFIXEDの式とEXCLUDEの式で算出し、「地域」でディメンションフィルターおよびコンテキストフィルターを適用した場合の結果を見ていきます。まず、違いを確認するためのビューを作成します。

① メニューバーから［分析］＞［計算フィールドの作成］をクリック、新しい計算フィールド「FIXED_売上の割合」を作成し、図のように式を組み立てます。データ全体で集計するため、「FIXED:」を省略しています。
・FIXED_売上の割合
SUM([売上])/
SUM({SUM([売上])})

② ［OK］をクリックして画面を閉じます。

③ 同様に新しい計算フィールド「EXCLUDE_売上の割合」を作成し、図のように式を組み立てます。
・EXCLUDE_売上の割合
SUM([売上])/
SUM({ EXCLUDE [都道府県]:SUM([売上]) })

④ ［OK］をクリックして画面を閉じます。

⑤ ［データ］ペインから、作成した「FIXED_売上の割合」、「EXCLUDE_売上の割合」を［列］にドロップ、「都道府県」を［行］にドロップします。この時点で、2つのメジャーは同じ数値を表示していることが確認できます。

⑥ ［データ］ペインから、「地域」を［フィルター］シェルフにドロップします。

⑦ ［関西地方］にチェックを入れて、［OK］をクリックします。

⑧ ［フィルター］シェルフの［地域］を右クリック＞［フィルターを表示］をクリックします。

⑨ ツールバーの降順で並べ替えるボタン をクリックし、ドロップダウンリストから［ビュー全体］を選びます。

⑩ ［マーク］カードの［集計（FIXED_売上の割合）］を開いて、［データ］ペインの「FIXED_売上の割合」を［マーク］カードの［ラベル］にドロップします。同様に、［マーク］カードの［集計（EXCLUDE_売上の割合）］を開いて、［データ］ペインの「EXCLUDE_売上の割合」を［マーク］カードの［ラベル］にドロップします。

図4.2.17の左右の棒グラフは値が異なっています。この違いは、ディメンションフィルターが適用されるタイミングの差異によるものです。

　左の棒グラフではFIXEDの後にディメンションフィルターが処理されるため、FIXEDで全国の各都道府県の割合を算出した後に関西地方のデータを表示しています。したがって、全国に対する各都道府県の売上の割合を算出しています。一方、右の棒グラフではディメンションフィルターの後にEXCLUDEが処理されるため、EXCLUDEは関西地方に絞り込まれたデータの中で割合を計算しています。したがって、関西地方の中で各都道府県が占める売上の割合を算出しています。

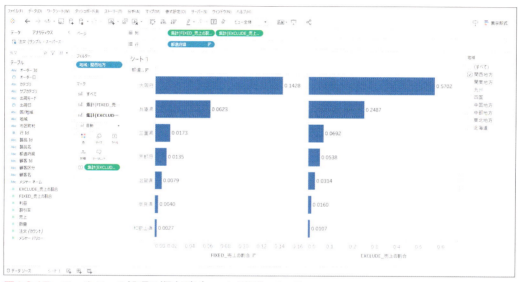

図4.2.17　フィルターの処理の順序がビューに影響している

　FIXEDの式にフィルターを適用させたい場合、ディメンションフィルターをコンテキストフィルターに変更します。コンテキストフィルターの後にFIXEDを処理するので、フィルターされたデータに対して割合を計算をします。

　図4.2.17の状態からコンテキストフィルターにするには、［フィルター］シェルフの「地域」を右クリック ＞ ［コンテキストに追加］をクリックします。これにより、左右の棒グラフは同じ値を示し、両方とも関西地方の中で各都道府県が占める割合を表示することができました。

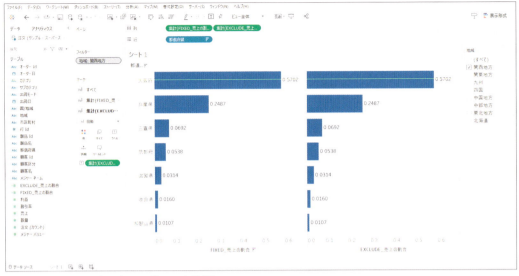

図4.2.18 コンテキストフィルターに変更

4.2.3 LOD表現の基本例

3種類のLOD式を使ったシンプルな例を紹介します。

■ FIXEDの使用例

顧客ごとの合計売上を月次で平均して追跡することで、顧客単価の傾向を確認します。同様の手法を応用することで、たとえば各営業部隊の売上をチームごとに平均したり、各オーダーの売上を地域ごとに平均したりするなど、さまざまな場面で活用できます。

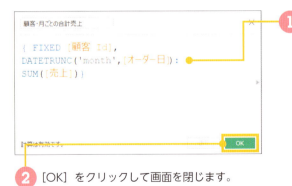

❶ メニューバーから［分析］＞［計算フィールドの作成］をクリックして新しい計算フィールド「顧客・月ごとの合計売上」を作成し、図のように式を組み立てます。
・顧客・月ごとの合計売上
{ FIXED [顧客 Id],
DATETRUNC('month', [オーダー日]):
SUM([売上])}

❷ ［OK］をクリックして画面を閉じます。

MEMO ❶の式は顧客ごと、かつ月ごとに売上を合計しています。

❸ [データ] ペインの「顧客・月ごとの合計売上」を右クリックしながら [行] にドロップし、「平均 (顧客・月ごとの合計売上)」をクリックします。

❹ [OK] をクリックして画面を閉じます。

❺ [データ] ペインの「オーダー日」を右クリックしながら [列] にドロップし、下にある「月 (オーダー日)」をクリックします。

❻ [OK] をクリックして画面を閉じます。

❼ 傾向を把握しやすくするため、傾向線を付与します。[アナリティクス] ペインの [傾向線] をビューにドラッグして、[多項] にドロップします。

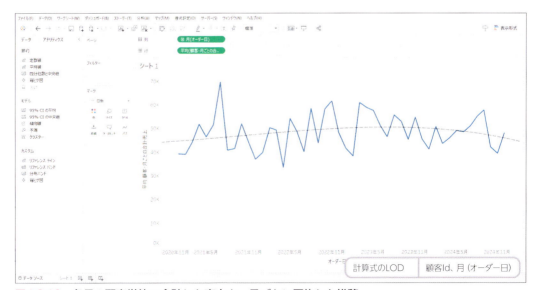

図4.2.19 各月の顧客単位で合計した売上を、月ごとに平均した推移

259

■ INCLUDEの使用例

　各顧客の「売上」を「地域」ごとに平均と最大値で表現することで、顧客の平均利用金額と最大利用金額の売上を地域間で比較できます。たとえば、各営業の案件サイズをチームごとに分析する場合や各店舗の「売上」をエリアごとに比較する場合など、さまざまな場面で応用可能です。

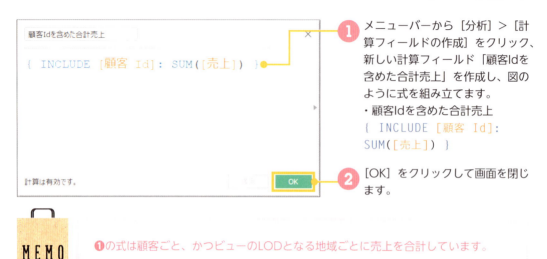

❶ メニューバーから［分析］＞［計算フィールドの作成］をクリック、新しい計算フィールド「顧客Idを含めた合計売上」を作成し、図のように式を組み立てます。
・顧客Idを含めた合計売上
{ INCLUDE [顧客 Id]: SUM([売上]) }

❷ ［OK］をクリックして画面を閉じます。

MEMO　❶の式は顧客ごと、かつビューのLODとなる地域ごとに売上を合計しています。

❸ ［データ］ペインの「顧客Idを含めた合計売上」を右クリックしながら［列］にドロップし、「平均（顧客Idを含めた合計売上）」をクリックします。

❹ ［OK］をクリックして画面を閉じます。

❺ ［データ］ペインの「顧客Idを含めた合計売上」を右クリックしながら［行］にドロップし、「最大値（顧客Idを含めた合計売上）」をクリックします。

❻ ［OK］をクリックして画面を閉じます。

❼ ［データ］ペインの「地域」を［マーク］カードの［ラベル］にドロップします。

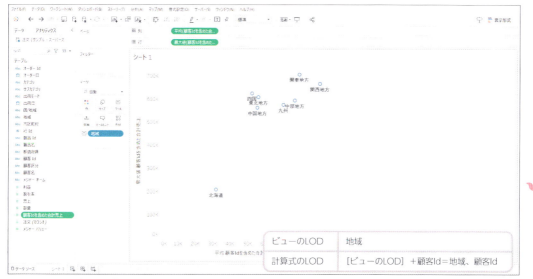

図4.2.20 顧客Idと地域の単位で合計した「売上」を、「地域」ごとに平均および最大で表した散布図

■ EXCLUDEの使用例

日本全国における各都道府県の「売上」の割合を算出します。これは、たとえば各拠点の売上に対する各営業の貢献度を算出する場合などに応用できます。

① [データ] ペインの「都道府県」を右クリック ＞ [地理的役割] ＞ [都道府県/州] をクリックします。

② [データ] ペインの「都道府県」をダブルクリックします。

③ メニューバーから [分析] ＞ [計算フィールドの作成] をクリック、新しい計算フィールド「都道府県を除いた合計売上に対する割合」を作成し、図のように式を組み立てます。
・都道府県を除いた合計売上に対する割合
SUM([売上])/
SUM({ EXCLUDE [都道府県]: SUM([売上]) })

④ [OK] をクリックして画面を閉じます。

❸の式の分母は、ビューのLODとなる都道府県から都道府県を除いているので、すなわち全データで売上を合計しています。一方、分子はビューのLODとなる都道府県ごとの売上を合計しています。

⑤ [データ] ペインの「都道府県を除いた合計売上に対する割合」を [マーク] カードの [色] にドロップします。

図4.2.21 全国の売上に対する各都道府県の売上の割合

4.2.4 LOD表現の使用例

LOD表現を習得するには、練習と慣れが必要です。さまざまな例題を通して、LOD表現の動作を確認し、理解を深めていきましょう。

■ 利益の有無で顧客数を算出：LOD表現を含めた基本的な計算

利益が出ている顧客とそうでない顧客の人数を把握します。

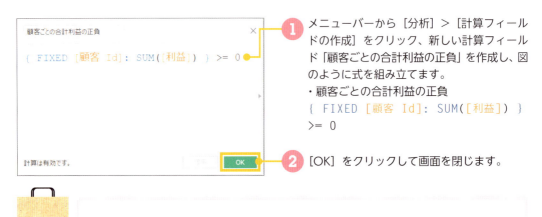

❶ メニューバーから［分析］＞［計算フィールドの作成］をクリック、新しい計算フィールド「顧客ごとの合計利益の正負」を作成し、図のように式を組み立てます。
・顧客ごとの合計利益の正負
{ FIXED [顧客 Id]: SUM([利益]) } >= 0

❷ ［OK］をクリックして画面を閉じます。

MEMO ❶の式は顧客ごとに利益を合計して、その値が0円以上かどうか判定しています。

③ [データ] ペインから、作成した「顧客ごとの合計利益の正負」を [列] にドロップします。

④ [データ] ペインの「顧客Id」を、右クリックしながら [行] にドロップします。

⑤ 「個別のカウント（顧客Id）」をクリックし、[OK] をクリックして画面を閉じます。

⑥ [行] にある「個別のカウント（顧客Id）」を、Windowsの場合は [Ctrl] キーを押しながら、macOSの場合は [Command] キーを押しながら、[ラベル] にドロップして複製します。

　利益が出ていない顧客が163人もいます。この163人に絞って、何をどこでどれだけの割引率で購入したか、といった追加の分析につなげていくことが考えられます。

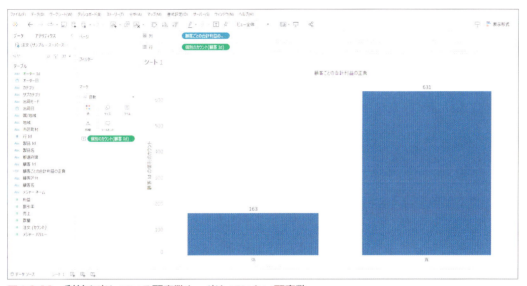

図4.2.22　利益を出している顧客数と、出していない顧客数

■ 購入回数別の顧客数を表示：LOD表現をメジャーからディメンションへ

顧客の購入回数ごとに、顧客の人数と平均売上の分布を表示します。

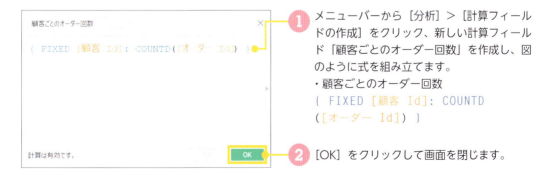

① メニューバーから [分析] > [計算フィールドの作成] をクリック、新しい計算フィールド「顧客ごとのオーダー回数」を作成し、図のように式を組み立てます。
・顧客ごとのオーダー回数
{ FIXED [顧客 Id]: COUNTD ([オーダー Id]) }

② [OK] をクリックして画面を閉じます。

MEMO ❶の式は顧客ごとに、注文した回数を集計しています。

❸ [データ]ペインの「顧客ごとのオーダー回数」を右クリック > [ディメンションに変換]をクリックします。各オーダー回数を不連続の値として使用することで、オーダー回数ごとに顧客数を分割できるようになるので、オーダー回数ごとに顧客が何人存在するかを表現することができます。

❹ [データ]ペインから「顧客ごとのオーダー回数」を[列]にドロップします。

❺ [データ]ペインから「顧客Id」を右クリックしながら[行]にドロップします。

❻ 「個別のカウント（顧客Id）」をクリックし、[OK]をクリックして画面を閉じます。

❼ [データ]ペインから「売上」を右クリックしながら[行]にドロップします。

❽ 「平均（売上）」をクリックし、[OK]をクリックして画面を閉じます。

図4.2.23から、顧客数は購入回数6回をピークに山型の分布を示していることがわかります。一方、平均売上に関しては、購入回数による顕著な変化は見られません。

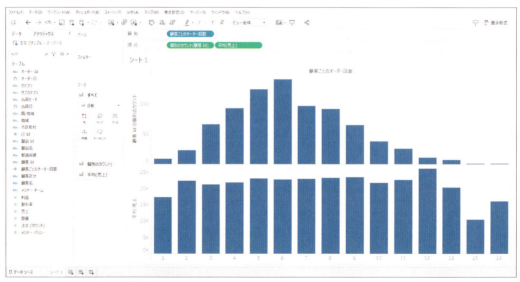

図4.2.23　顧客の購入回数別に、顧客数と平均売上を表示

■ 初回購入年ごとの売上割合を表示：LOD表現＋表計算

ここで紹介するのは、顧客の行動変化を分析するコホート分析の一種です。顧客を初回購入年ごとにグループ化し、各月の売上に対する各グループの貢献割合を算出します。これは、長期的な顧客の定着率を確認する方法の1つです。

［列］	「年（オーダー日）」、「月（オーダー日）」
［行］	「合計（売上）」
［マーク］タイプ	「棒」

1 表を参考にビューを作成します。

2 メニューバーから［分析］＞［計算フィールドの作成］をクリック、新しい計算フィールド「顧客ごとの最小オーダー日」を作成し、図のように式を組み立てます。
・顧客ごとの最小オーダー日
{ FIXED [顧客 Id]: MIN ([オーダー日]) }

3 ［OK］をクリックして画面を閉じます。

MEMO ❷の式では顧客ごとに初回購入日を保持しています。

4 ［データ］ペインから作成した「顧客ごとの最小オーダー日」を、［マーク］カードの［色］にドロップします。

5 ［行］の「合計（売上）」を右クリック＞［簡易表計算］＞［合計に対する割合］をクリックします。

6 ［行］の「合計（売上）」を右クリック＞［次を使用して計算］＞「顧客ごとの最小オーダー日」をクリックします。

営業4年目においても、1年目や2年目から購入を継続している顧客の割合が高いことから、顧客の定着率は良好だといえます。

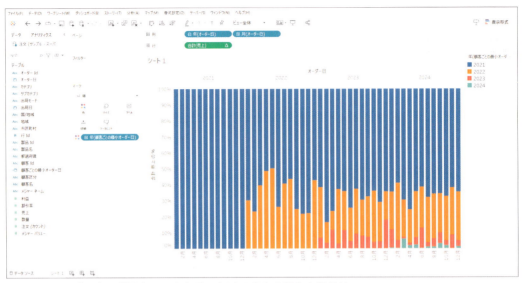

図4.2.24 顧客の初回購入年で、各年月における売上の割合を色分け

■ 新規顧客と既存顧客の売上割合を表示：LOD表現＋表計算

新規顧客と既存顧客の売上貢献の割合を年月ごとに出します。

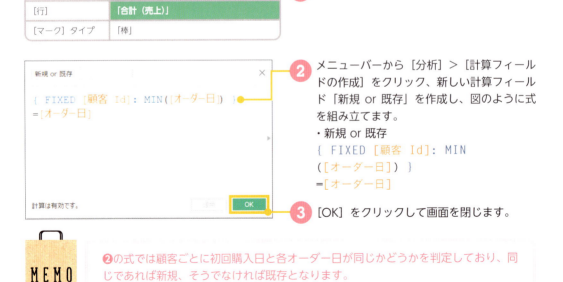

① 表を参考にビューを作成します。

② メニューバーから［分析］＞［計算フィールドの作成］をクリック、新しい計算フィールド「新規 or 既存」を作成し、図のように式を組み立てます。
・新規 or 既存
{ FIXED [顧客 Id]: MIN
([オーダー日]) }
=[オーダー日]

③ ［OK］をクリックして画面を閉じます。

MEMO ❷の式では顧客ごとに初回購入日と各オーダー日が同じかどうかを判定しており、同じであれば新規、そうでなければ既存となります。

④ 1つ前の例題と同様にグラフを作成します。

　図4.2.25 では、新規顧客の割合は減っており、継続して購入する顧客が多いことがわかります。一方、新規顧客の取り込みを積極的に行うことも検討できそうです。

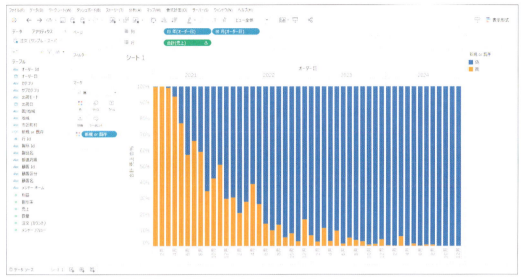

図4.2.25　新規顧客・既存顧客で、各年月における売上の割合を色分け

■ 新規累積顧客数の推移：LOD表現＋表計算

　新規顧客数の推移とその累計を把握することで、重複しない顧客数の推移を理解することができます。前の例題で作成した「新規 or 既存」の計算フィールドを活用し、新規顧客数とその累計の年月推移を表現します。

① ［データ］ペインから「顧客Id」を右クリックしながら［行］にドロップします。

② 「個別のカウント（顧客Id）」をクリックし、[OK]をクリックして画面を閉じます。

③ ［データ］ペインから「オーダー日」を右クリックしながら［列］にドロップします。

④ 下にある連続の「月（オーダー日）」>[OK]をクリックして画面を閉じます。顧客数の年月推移が表示されました。

⑤ ［データ］ペインから「新規 or 既存」を［フィルター］シェルフにドロップします。

⑥ ［真］をクリックして画面を閉じます。新規顧客数の年月推移が表示されました。

⑦ ［行］にある「個別のカウント（顧客Id）」を、Windowsの場合は [Ctrl] キーを押しながら、macOSの場合は [Command] キーを押しながら、［行］にドロップして複製します。

❽ [行] の右側にある「個別のカウント（顧客Id）」を右クリック ＞ [簡易表計算] ＞ [累計] をクリックします。累計した新規顧客数の年月推移が表示されました。

　図4.2.26のように、新規顧客数は鈍化しているようです。重複しない顧客数は800人弱だと読み取れます。

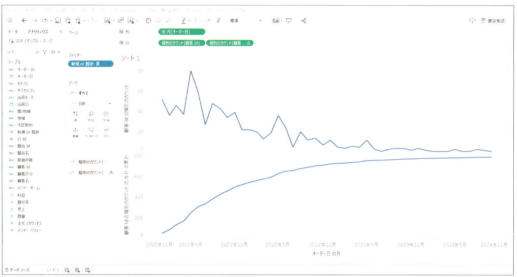

図4.2.26　新規顧客の人数とその累計

日ごとの利益の分布を表示：LOD表現＋ビン

　日単位の利益分布を分析するため、1日当たりの合計利益を1万円単位で区切り、各区間に該当する日数を集計します。

❶ メニューバーから [分析] ＞ [計算フィールドの作成] をクリック、新しい計算フィールド「日ごとの合計利益」を作成し、図のように式を組み立てます。
・日ごとの合計利益
{ FIXED DATETRUNC('day',
[オーダー日]):
SUM([利益]) }

❷ [OK]をクリックして画面を閉じます。

268

MEMO ❶の式は、1日ごとの合計利益を計算しています。

❸ [データ] ペインの「日ごとの合計利益」を右クリック > [作成] > [合計ビン] をクリックします。

❹ ビンのサイズに「10000」を指定します。

❺ [OK]をクリックして画面を閉じます。[データ] ペインのディメンションに「日ごとの合計利益（ビン）」が作成されます。

❻ [データ] ペインの「日ごとの合計利益（ビン）」を [列] に、ドロップします。

❼ [データ] ペインの「オーダー日」を右クリックしながら [行] にドロップします。

❽ 「個別のカウント（オーダー日）」 > [OK] をクリックします。

　図4.2.27では、1日当たり0〜10000円の利益があった日が最も多く、330日存在したことがわかります。

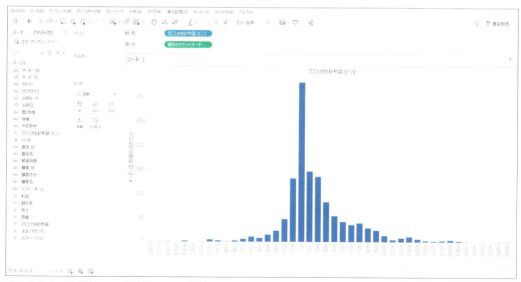

図4.2.27　1日当たりの利益を1万円単位で区切り、各区間に該当する日数を集計

■ 初回購入から再購入までの経過月数を表示：LOD表現の組み合わせ

　ここで紹介するのも、顧客の行動変化を分析するコホート分析の1つです。顧客を初回購入の時期で区分し、初回購入から再購入までの経過月数を集計します。

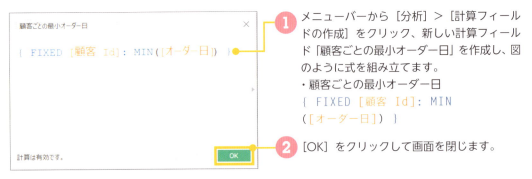

❶ メニューバーから［分析］＞［計算フィールドの作成］をクリック、新しい計算フィールド「顧客ごとの最小オーダー日」を作成し、図のように式を組み立てます。
・顧客ごとの最小オーダー日
{ FIXED [顧客 Id]: MIN ([オーダー日]) }

❷ ［OK］をクリックして画面を閉じます。

❶の式は顧客ごとに初回購入日を保持しています。

❸ ［データ］ペインから作成した「顧客ごとの最小オーダー日」を［行］にドロップし、「年」と「四半期」を表示します。

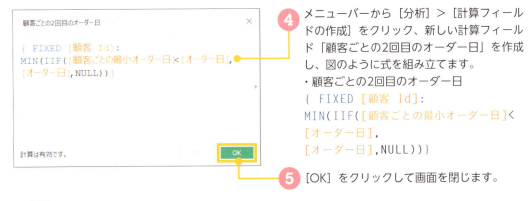

❹ メニューバーから［分析］＞［計算フィールドの作成］をクリック、新しい計算フィールド「顧客ごとの2回目のオーダー日」を作成し、図のように式を組み立てます。
・顧客ごとの2回目のオーダー日
{ FIXED [顧客 Id]:
MIN(IIF([顧客ごとの最小オーダー日]<[オーダー日],
[オーダー日],NULL))}

❺ ［OK］をクリックして画面を閉じます。

❹の計算式では、初回購入日より後の、最小の日付を取るよう指示しています。

⑥ メニューバーから［分析］＞［計算フィールドの作成］をクリック、新しい計算フィールド「顧客ごとの初回と2回目の月数差」を作成し、図のように式を組み立てます。
・顧客ごとの初回と2回目の月数差
```
DATEDIFF('month',
[顧客ごとの最小オーダー日],
[顧客ごとの2回目のオーダー日])
```

⑦ ［OK］をクリックして画面を閉じます。

⑧ ［データ］ペインで「顧客ごとの初回と2回目の月数差」を右クリック＞［ディメンションに変換］をクリックします。

⑨ ［データ］ペインから、「顧客ごとの初回と2回目の月数差」を［列］にドロップします。

⑩ ［データ］ペインから「顧客Id」を右クリックしながら、［マーク］カードの［色］にドロップします。

⑪ 「個別のカウント（顧客Id）」＞［OK］をクリックします。

　図4.2.28から、2021年第二四半期に初回購入した顧客のうち、1～2カ月後に再購入した顧客の割合が高いことがわかります。この顧客はリピート間隔が短く良好な購買行動を示しているため、さらなる分析が有効です。たとえば、このシートをクリックしてフィルターアクションで連携させることで、選択した顧客を対象に、別シートで初回以降の購入推移を表示するようなより詳細な分析が可能になります。

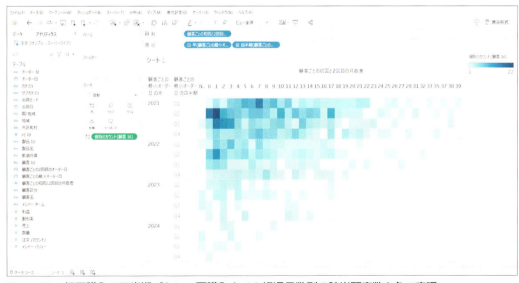

図4.2.28　初回購入の四半期ごとに、再購入までの経過月数別の該当顧客数を色で表現

RFM分析：LOD表現の組み合わせ

　RFM分析は、顧客の購買行動を分析する一般的な手法です。R（Recency）の最終購入日からの経過期間、F（Frequency）の購入回数、M（Monetary）の購入金額の3つの指標を用いて顧客をセグメンテーションします。

　この例では、RとFをそれぞれ5段階に分類し、その組み合わせごとに購入金額を分析します。

❶ メニューバーから［分析］＞［計算フィールドの作成］をクリック、新しい計算フィールド「R：最終購入日からの経過日数」と「F：顧客ごとの購入回数」を作成し、それぞれ図のように式を組み立てます。
・R：最終購入日からの経過日数
DATEDIFF('day',
{ FIXED [顧客 Id] : MAX
([オーダー日])}, #2024-12-31#)
・F：顧客ごとの購入回数
{ FIXED [顧客 Id] : COUNTD
([オーダー Id])}

❷ 式を作成し終えたら、［OK］をクリックして画面を閉じます。

❹のRでは、顧客ごとに最終購入日と今日との日数差を算出し、Fでは、顧客ごとに購入回数をカウントしています。Rで実際のデータを使うときは、#2024-12-31#ではなく、TODAY関数やNOW関数を利用できます。

③ メニューバーから［分析］>［計算フィールドの作成］をクリック、新しい計算フィールド「Rランク」と「Fランク」を作成し、図のように式を組み立てます。ランクを分けるしきい値は、パラメーターにしても構わないでしょう。

・Rランク
IF [R:最終購入日からの経過日数]<=30 THEN '0-30日'
ELSEIF [R:最終購入日からの経過日数]<=90 THEN '31-90日'
ELSEIF [R:最終購入日からの経過日数]<=180 THEN '91-180日'
ELSEIF [R:最終購入日からの経過日数]<=360 THEN '181-360日'
ELSE '361日以上'
END

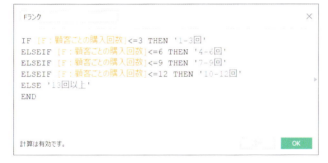

・Fランク
IF [F:顧客ごとの購入回数]<=3 THEN '1-3回'
ELSEIF [F:顧客ごとの購入回数]<=6 THEN '4-6回'
ELSEIF [F:顧客ごとの購入回数]<=9 THEN '7-9回'
ELSEIF [F:顧客ごとの購入回数]<=12 THEN '10-12回'
ELSE '13回以上'
END

④ 式を作成し終えたら、［OK］をクリックして画面を閉じます。

⑤ ［データ］ペインから作成した「Fランク」を［列］に、「Rランク」を［行］にドロップします。

⑥ ［データ］ペインから「売上」を右クリックしながら、［マーク］カードの［色］にドロップします。

⑦ 「平均（売上）」>［OK］をクリックします。

この小売店は、7〜9回購入して最近の購入がない顧客や、10〜12回購入して直近1カ月以内に購入した顧客の平均売上が高めであることがわかります。

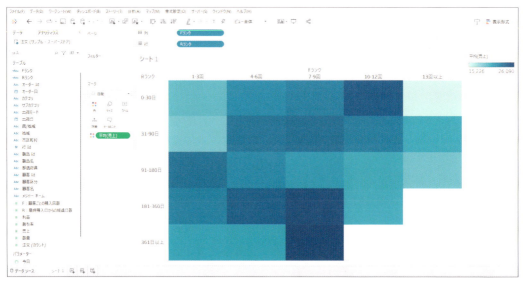

図4.2.29　RFM分析の例

■ 全体に対する選択部分の表示：フィルターがかかるタイミングを利用する

　ディメンションフィルターが適用されるタイミングを活用したグラフを作成してみましょう。各地域の総売上に対して、選択したカテゴリの売上が占める割合を色で表現します。

　図4.2.30では、選択した「カテゴリ」の地域ごとの「売上」を表示しています。このグラフの背景に、全カテゴリの売上を表す棒グラフを重ねて表示します。フィルターの操作にかかわらず、常に全カテゴリの売上を表示するために、ディメンションフィルターが適用される前に処理されるFIXEDを利用します。

　図4.2.30を作成した状態から作業を進めてください。

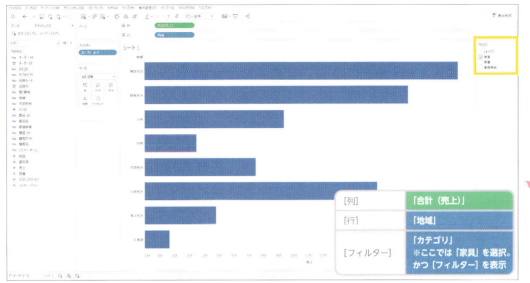

図4.2.30　選択したカテゴリの売上を表示

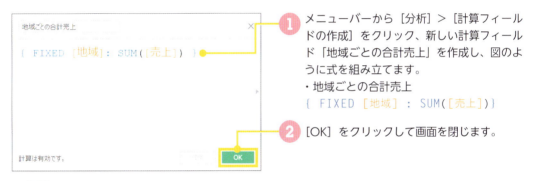

① メニューバーから [分析] > [計算フィールドの作成] をクリック、新しい計算フィールド「地域ごとの合計売上」を作成し、図のように式を組み立てます。
・地域ごとの合計売上
{ FIXED [地域] : SUM([売上]) }

② [OK] をクリックして画面を閉じます。

❶の式は地域ごとに合計売上を計算しています。

③ [データ] ペインから作成した「地域ごとの合計売上」を [列] にドロップします。

④ [列] の「地域ごとの合計売上」を右クリック > [二重軸] をクリックします。

⑤ [マーク] カードの [すべて] を開き、[マーク] タイプを [棒] にします。

⑥ [列] の「合計 (売上)」が「合計 (地域ごとの合計売上)」の右側に来るよう、2つのピルの左右を入れ替えます。

⑦ 上の軸を右クリック > [軸の同期] をクリックしてチェックを入れ、右クリック > [ヘッダーの表示] をクリックしてチェックを外します。

275

❽ [列] の「地域ごとの合計売上」をクリックしてから、ツールバーの降順で並べ替えるボタン を クリックします。

　FIXEDの後にディメンションフィルターが働くので、「合計（地域ごとの合計売上）」はフィルターの影響を受けません。「合計（売上）」はディメンションフィルターによるフィルターがかかるため、選択したカテゴリの売上が表示されます。ディメンションフィルターが適用されるタイミングを活用することで、各地域の全カテゴリの売上を表示しながら、選択した「カテゴリ」の売上を同時に把握できるようになりました。選択した「カテゴリ」が占める売上割合を計算して表示してもよいでしょう。

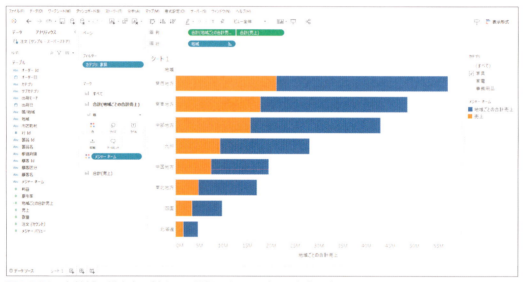

図4.2.31　各地域の総売上に対する、選択したカテゴリの売上を表示

4.2.5 表計算とLOD表現のポイント

　計算を行う際は、行レベルの計算、集計計算、表計算、LOD表現の中から、目的に応じて適切な計算の種類を選択する必要があります。求める分析や可視化を実現できる計算方法が複数ある場合は、「簡単さ」と「パフォーマンス」の観点から最適な計算方法を選択してください。

　表計算とLOD表現は、Tableau独自の関数です。両者の概念は異なりますが、ここで、それぞれの特徴を並べておきます。

＜表計算の特徴＞

・必要な値がすでに計算されている場合に使用します。たとえば、今年の値と前年の値が計算済みの場合、表計算を用いて前年比を算出します。
・順位を返す計算、行数や自身を参照する計算（累積やN個前参照など）は、表計算が必要です。
・計算結果は、メジャーになります。
・複数のデータソースを使用している場合でも、表計算を適用できます。
・表計算のフィルターは、非表示として働きます。データ自体をフィルターするのではなく、ビューをフィルターします。

＜LOD表現の特徴＞

・ビューのLODとは異なる粒度で計算できます。
・計算結果は、メジャーにもディメンションにもなり得ます。
・LOD表現で使用するフィールドは、すべて同一のデータソースに含まれる必要があります。
・ビンやグループなど、他の要素として活用できます。
・LOD表現の中では、表計算を使用できません。

　3種類のLOD式の特徴は、次の通りです。

表4.2.1　各LOD式の特徴

	FIXED	INCLUDE	EXCLUDE
考え方	LODを指定する	ビューのLODにディメンションを追加する	ビューのLODからディメンションを除外する
データの粒度	細かくも粗くもできる	細かくする	粗くする
メジャー/ディメンション	メジャーにもディメンションにもなり得る	メジャーになる	メジャーになる
ディメンションフィルター	フィルターされない（適用するにはコンテキストフィルターに変換する）	フィルターされる	フィルターされる
その他	ビンやグループなど他の要素になり得る	－	表計算で代替できることが多い

複数データの組み合わせ

複数のデータを同時に使用して分析を行う際は、データを組み合わせて使用します。Tableauには、結合、ブレンド、リレーションシップ、ユニオンという4つのデータの組み合わせ方法が用意されています。異なる種類のデータを組み合わせる場合は、結合、ブレンド、リレーションシップを使用し、同じ列名をもつ複数のデータを組み合わせる場合は、ユニオンを使用します。本章では、この4つの方法について、概要と使用例を紹介します。

複数データの組み合わせ方法

複数のデータを組み合わせる方法として、Tableauには結合、ブレンド、リレーションシップ、ユニオンの4つが用意されています。結合はデータを横方向に、ユニオンはデータを縦方向に組み合わせて1つのテーブルを作成します。ブレンドとリレーションシップは、ビュー上で組み合わせた値を表示します。組み合わせるデータの粒度や結合タイプ、ビューに含めるディメンションやメジャーなどを考慮して、適切な組み合わせ方法を検討します。

5.1.1 結合、ブレンド、リレーションシップ、ユニオン

　複数のデータを組み合わせて分析する際、Tableauには主に4つの方法があります。結合、ブレンド、リレーションシップ、ユニオンです。

　結合は、データを横方向に組み合わせて、1つのテーブル（表）を作成します。ブレンドは、それぞれのデータに個別に接続し、ビュー上で同時に組み合わせて表示することができます。リレーションシップは、結合とブレンドを使用する多くのシーンで代替可能な方法で、より直感的で容易に使用できます。ユニオンは、同じ構造のデータを縦方向に組み合わせて、Tableau上で1つのテーブルを作成します。

5.1.2 結合とは

　結合は、共通するフィールドがもつ値を基にデータを横方向につなぎ合わせて1つのテーブルを作成する手法です。結合は1行ずつ組み合わせるので、1対1で対応しているデータ同士をつなぐ際に使用することが多いです。結合には4つのタイプがあります。

・内部結合：両方のデータに共通する値の行だけを含みます。
・左結合：左側のデータはすべて含み、右側のデータは共通する値の行のみ含みます。
・右結合：右側のデータはすべて含み、左側のデータは共通する値の行のみ含みます。
・完全外部結合：左右のデータのすべての値の行を含みます。

D①	M①
A	5
B	2
C	3

D②	M②
B	1
C	4
D	6

内部結合

D①	M①	D②	M②
B	2	B	1
C	3	C	4

完全外部結合

D①	M①	D②	M②
A	5		
B	2	B	1
C	3	C	4
		D	6

左結合

D①	M①	D②	M②
A	5		
B	2	B	1
C	3	C	4

右結合

D①	M①	D②	M②
B	2	B	1
C	3	C	4
		D	6

図5.1.1　結合タイプの考え方

5.1.3 ブレンドとは

　ブレンドとは、それぞれのデータに個別に接続し、それぞれ集計した結果をまとめて同じビューに表示する手法です。結合と違い、ブレンドは組み合わせた1つのテーブルを作成しません。そのため、売上と目標、製造と出荷など、データの粒度が異なるために1つのデータにまとめることができない多対多のデータにも適用できます。

　ブレンドでビューを作成する際、最初にドロップしたデータを左側として左結合を行います。つまり、最初のデータソースが基準となり、他のデータソースはその基準に合わせて表示します。

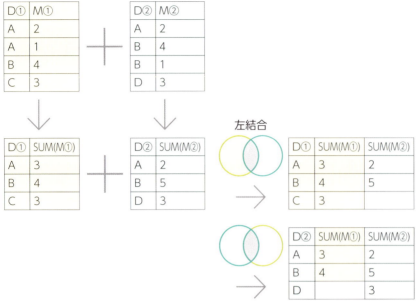

図5.1.2 ブレンドの考え方

5.1.4 リレーションシップとは

<mark>リレーションシップ</mark>は、複数のデータの組み合わせをより簡単かつ柔軟に行えるように追加された機能です。結合やブレンドを使用する多くのシーンで、リレーションシップでも同じ結果を得られます。このため、操作がより簡単なリレーションシップが使用されるケースが多いです。

リレーションシップは、結合のように1行ずつを一致させたい1対1のデータ間でも、ブレンドのように集計してまとめる必要がある多対多のデータ間でも柔軟に対応できます。また、リレーションシップは必要なテーブルにのみクエリを発行するため、多くのデータを組み合わせる際のパフォーマンスにも優れています。

リレーションシップはビューで使用するフィールドに基づいて結合タイプを自動的に選択し、表示項目を柔軟に変化させます。メジャーは、一致するディメンションが存在しない場合でも値を表示するように動作します。

どのような動きをするか、図5.1.3に示すデータで具体的に確認していきましょう。

D①	M①
A	2
A	1
B	4
C	3

D②	M②
A	2
B	4
B	1
D	3

図5.1.3　ディメンションとメジャーを一つずつもつデータ

　ディメンションのみを表示するケースについて確認しましょう。1つ目のデータからディメンションを表示させ、2つ目のデータからもディメンションを表示させると、図5.1.4のように共通する値のみが表示されます。この場合、リレーションシップは内部結合として動作しています。共通しない値もすべて表示したい場合は、メニューバーから［分析］＞［表のレイアウト］＞［空の行を表示］または［空の列を表示］をクリックします（図5.1.5）。これにより、リレーションシップは完全外部結合として動作し、両方のデータのすべての値が表示されます。

D①	D②
A	A
B	B

図5.1.4　共通する値を表示

D①	M②
A	A
B	B
C	NULL
NULL	D

図5.1.5　空の行もすべて表示

　次に、メジャーも表示してみます。メジャーの値は、一致するディメンションの値が存在しなくても集計結果が表示されます。また、メジャーを表示するデータのディメンションは表示されます。一方、メジャーを使用していないデータのディメンションは、図5.1.4と同様に2つのデータに共通する値を表示します。

D①	D②	M①
A	A	3
B	B	4
C	NULL	3

D①	D②	M①
A	A	2
B	B	5
NULL	D	3

D①	D②	M①	M②
A	A	3	2
B	B	4	5
C	NULL	3	
NULL	D		3

図5.1.6　メジャーのあるディメンションの値は表示される

5.1.5 ユニオンとは

ユニオンは、複数のデータを縦方向につなぎ合わせて1つのテーブルを作成する手法です。列名を参照して別のデータを行に追加します。同じ構造をもつ複数のデータをまとめる際に使用します。

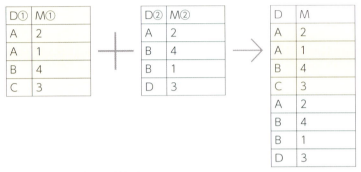

図5.1.7　ユニオンの考え方

5.1.6 リレーションシップ、結合、ブレンドの選択

ここではリレーションシップ、結合、ブレンドを選択する際の考え方を整理します。ユニオンはデータを「縦方向に」組み合わせるという点で、これらの3つの方法とは異なります。

まず、組み合わせたいデータの粒度を確認します。データを1行ずつ横方向に組み合わせることが可能な1対1の関係にある場合は、結合またはリレーションシップを適用します。一方、データの粒度が異なる1対多や多対多の関係にある場合は、ブレンドまたはリレーションシップを適用することがほとんどでしょう。

次に、結合で使用したい結合タイプを検討しましょう。リレーションシップは、ビューに応じて適切な結合タイプを柔軟に適用します。一方、結合では、「内部結合」「完全外部結合」「左結合」「右結合」の中から、ユーザー自身が結合タイプを指定する必要があります。なお、ブレンドは、プライマリデータソースを左側とした左結合として動作します。指定の結合タイプを確実にコントロールしたい場合は、結合やブレンドを選択するとよいでしょう。さらに、ユーザー自身で指定した結合条件を固定できるため、心理的な使いやすさや安心感も得られる可能性があります。

データソースをパブリッシュする観点も必要です。結合とリレーションシップはデータソースを組み合わせるため、パブリッシュすることができます。ただし、パブリッシュしたデータソースを使用して、結合やリレーションシップを行うことはできません。一方、ブレンドはワークシ

ートでデータを組み合わせるため、データソースとしてパブリッシュすることができません。ただし、パブリッシュしたデータソースを使用してブレンドすることができます。したがって、複数データを組み合わせたデータソースとしてパブリッシュしたい場合は結合またはリレーションシップを選択し、パブリッシュされたデータソースを使って組み合わせたい場合はブレンドを選択する必要があります。

　リレーションシップは、結果を確認しながら使用することをおすすめします。最も容易に使用できる方法ですが、接続するデータ数やデータの状況によってデータの組み合わせ方が複雑になることがあります。リレーションシップを使用する際は、想定通りのディメンションやメジャーの値が表示されているか、行数や集計値が異なっていないか確認しながら進めると安心できるはずです。

　最後に、複数データを組み合わせる接続方法の概念を把握しておきましょう。元々のデータソースに存在するテーブルは物理テーブルと呼ばれます。物理テーブルを横方向または縦方向に組み合わせるために結合やユニオンを行うと、Tableau内で論理的に1つのテーブルが形成されます。これを論理テーブルと呼びます。論理テーブルには、1つの物理テーブルのみを含むこともあります。リレーションシップは論理テーブル同士を組み合わせる機能です。

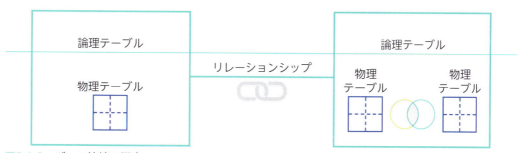

図5.1.8　データ接続の概念

結合、ブレンド、リレーションシップ、ユニオンの使用例

本節では結合、ブレンド、リレーションシップ、ユニオンのそれぞれの使用例を挙げます。操作方法を確認しましょう。リレーションシップでも結合やブレンドでも実現できる場合は、それぞれの操作を説明します。結合、リレーションシップ、ユニオンはデータソースで指定し、ブレンドはワークシートで指定します。また、これらの複数の方法を同時に使用することも可能です。

5.2.1 リレーションシップ、結合、ブレンドの使用例

　ここでは一般的な例を用いてリレーションシップと、結合またはブレンドを使用してみます。データを1行ずつ組み合わせられる場合は、リレーションシップまたは結合で対応できることが多いです。複数行ずつ組み合わせる場合は、リレーションシップまたはブレンドで対応できる場合が多いです。

　4つの例を紹介します。それぞれの例で異なるデータに接続するので、例ごとに新しいシートまたはワークブックで操作してください。

■ 例1：売上、返品、関係者のデータから、返品率を表示

　「サンプル - スーパーストア.xls」にある「注文」と「返品」と「関係者」のシートを組み合わせ、地域マネージャーごとにオーダーIdの返品率を比較します。ここで使用する「返品」シートには、返品された注文の「オーダーId」のリストが含まれています。また、「関係者」シートには、地域ごとのマネージャーの名前が含まれています。

	A	B
1	オーダーID	返品
2	JP-2018-1048956	○
3	JP-2018-1049507	○
4	JP-2018-1064191	○
5	JP-2018-1070435	○
6	JP-2018-1078375	○
7	JP-2018-1170333	○
8	JP-2018-1199671	○
9	JP-2018-1213922	○

図5.2.1 「返品」シート

	A	B
1	地域	地域マネージャー
2	中国地方	雨宮 武
3	中部地方	辻岡 美羽
4	九州	矢幡 翔太
5	北海道	宮前 誠
6	四国	川波 結菜
7	東北地方	駒田 静香
8	関東地方	中吉 孝
9	関西地方	金児 阜

図5.2.2 「関係者」シート

■ 例1-1：リレーションシップで返品率を表示

まず、リレーションシップを使用して実現します。

① 「サンプル - スーパーストア.xls」に接続し、「注文」と「返品」を画面の中央上部にそれぞれドロップします。2つのテーブルで一致するフィールド「オーダーId」が自動で認識され、リレーションシップが作成されます。なお、リレーションシップのフィールドは変更可能です。

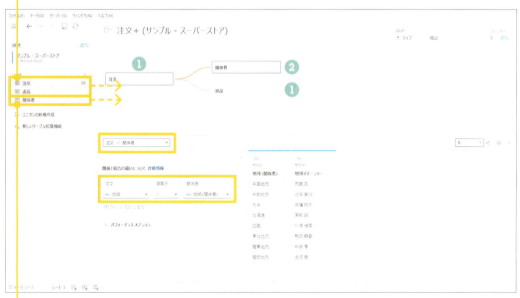

② 「注文」と線で結ばれる位置で「関係者」をドロップします。2つのテーブル「注文－関係者」と一致するフィールド「地域」が認識され、リレーションシップが作成されます。

MEMO データソースのプレビューでは、キャンバス上にある「注文」、「返品」、「関係者」などの論理テーブルをクリックするとそれぞれのデータが個別に表示されます。❶の図では、「関係者」のテーブルが選択されているため、画面下部に「関係者」データが表示されます。同様に、「注文」や「返品」のテーブルを選択すると、「注文」や「返品」のデータが表示されます。これは、リレーションシップが各論理テーブルを独立して保持しているためです。シートで可視化する際に、必要なテーブルにアクセスしてデータをまとめます。

❸ [シート] タブに移動し、メニューバーから [分析] > [計算フィールドの作成] をクリックして新しい計算フィールド「返品率」を作成し、図のように式を組み立てます。

・返品率
COUNTD([オーダー Id (返品)])
/COUNTD([オーダー Id])

❹ [OK] をクリックして画面を閉じます。

❺ 表を参考に、「地域マネージャー」ごとに「返品率」を表示するグラフを作成します。

[列]	「集計(返品率)」
[行]	「地域マネージャー」 ※降順で並べ替え

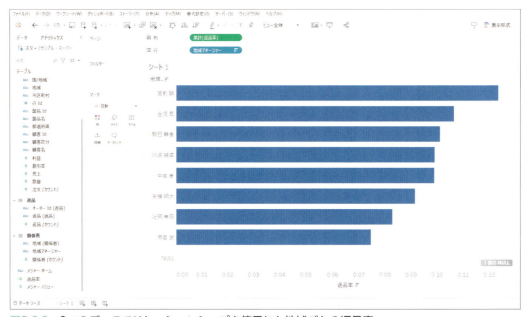

図5.2.3　3つのデータでリレーションシップを使用した地域ごとの返品率

リレーションシップを作成すると、[シート]タブの[データ]ペインでは論理テーブルごとにフィールドが並びます。細いグレーの線より上がディメンション、下がメジャーです。各テーブルの一番下にある「テーブルの名前 (カウント)」は、各テーブルのレコード数（行数）を表します。2つ以上のテーブルをまたいだ計算フィールドは、すべてのテーブルの下に配置されます。

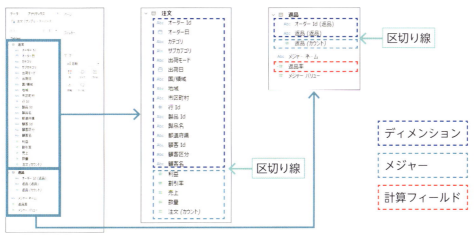

図5.2.4　「注文」と「返品」でリレーションシップを作成したときの[データ]ペインの様子

■ 例1-2：結合で返品率を表示

同様に、結合でも同じ2つのデータを組み合わせます。

① 「サンプル - スーパーストア.xls」に接続し、「注文」を画面の中央上部にドロップ、その「注文」をダブルクリックします。

② 次に、「返品」をドロップします。1つの論理テーブルの中で2つのデータが結合されます。

❸ 2つのデータをつなぐ結合ダイアログ（ベン図のアイコン）をクリックし、結合タイプを「左」に変更します。左結合を選択することで、未返品の注文データも含む設定になります。「内部」を選択した場合、返品されたデータに絞られます。結合では、データを組み合わせる段階で結合タイプを指定する必要があります。また、自動的に「オーダーId」で紐づけられていることが確認できます。

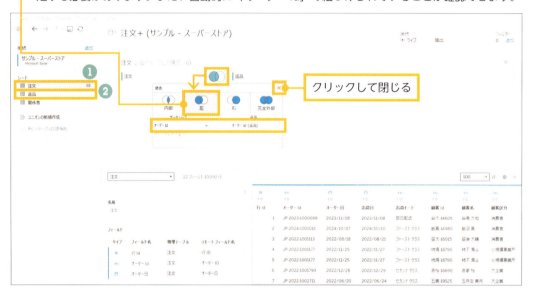

❹ 「関係者」を画面上部にドロップします。結合タイプは「内部」のままにします。

❺ ［×］をクリックして結合の設定画面を閉じます。

290

結合の操作が1つの論理テーブル内で行われていたことがわかります。論理テーブル名の近くにはベン図のアイコンが表示され、その論理テーブルが結合を含んでいることを示しています。画面下部のデータソースのプレビューでは、「返品」と「関係者」のデータソースが1つのデータとして結合されたことが確認できます。

図5.2.5　結合した3つの物理テーブルを含む1つの論理テーブル

　先に説明したリレーションシップの手順❸〜❺を同様に実行することで、地域ごとのオーダーIdの返品率を表示できます。

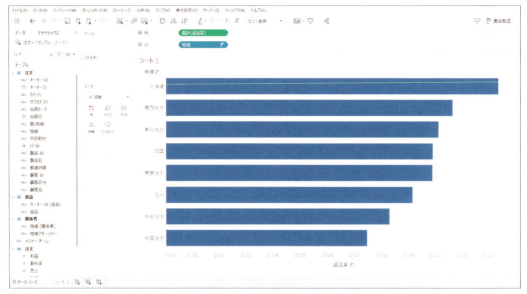
図5.2.6　3つのデータで結合を使用した地域ごとの返品率

■ 例2：売上と都道府県別の人口データから、人口に対する顧客数割合を表示

「サンプル - スーパーストア.xls」にある「注文」シートと、「5_データ.xlsx」にある「人口」シートを組み合わせて、都道府県別の人口に対する顧客数の割合を表します。

	A	B	C
1	番号	都道府県	人口
2	01	北海道	5092000
3	02	青森県	1184000
4	03	岩手県	1163000
5	04	宮城県	2264000
6	05	秋田県	914000
7	06	山形県	1026000
8	07	福島県	1767000

出典：総務省「人口推計　第2表　都道府県，男女別人口及び人口性比─総人口，日本人人口(2023年10月1日現在)（エクセル：21KB）」
https://www.stat.go.jp/data/jinsui/2023np/index.html
図5.2.7　「人口」シート

■ 例2-1：リレーションシップで顧客数割合を表示

まず、リレーションシップを使用して実現します。

292

① 「サンプル - スーパーストア.xls」に接続し、「注文」を画面上部にドロップします。

② ［接続］の右側にある［追加］をクリックし、ダウンロードしておいた付属データ内の「5_データ.xlsx」に接続します。

③ 「人口」を画面上部にドロップします。2つのテーブルで一致するフィールドとして「都道府県」が認識され、リレーションシップが作成されます。

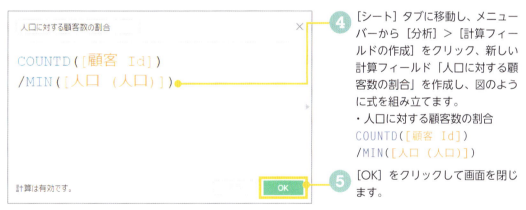

④ ［シート］タブに移動し、メニューバーから［分析］＞［計算フィールドの作成］をクリック、新しい計算フィールド「人口に対する顧客数の割合」を作成し、図のように式を組み立てます。
・人口に対する顧客数の割合
COUNTD([顧客 Id])
/MIN([人口 (人口)])

⑤ ［OK］をクリックして画面を閉じます。

手順④の計算フィールドの分母の関数は、MINでなくても、SUM、AVG、MAXでも同じ値が算出されます。「人口」データは都道府県ごとにまとまっており、ビューでも都道府県ごとに表示しているためです。ここでは、パフォーマンスが良いMINを使用しました。

⑥ ［データ］ペインの「人口に対する顧客数の割合」を右クリック＞［既定のプロパティ］＞［数値形式］をクリックし、［パーセンテージ］で［小数点］を「4」にして、［OK］をクリックします。

［列］	「集計(人口に対する顧客数の割合)」
［行］	「都道府県」　※降順で並べ替え

⑦ 表を参考にグラフを作成します。

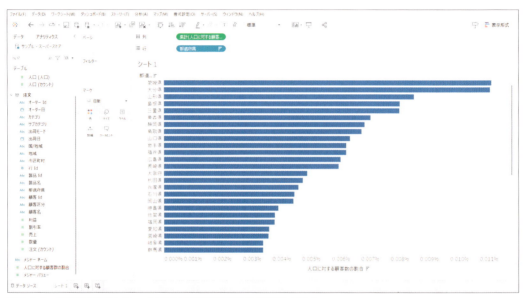

図5.2.8　都道府県ごとに、人口比の顧客数の割合が算出された

■ 例2-2：ブレンドで顧客数割合を表示

同様に、ブレンドでも同じ2つのデータを組み合わせます。

① 「サンプル - スーパーストア.xls」に接続し、「注文」を画面上部にドロップします。

② メニューバーから［データ］＞［新しいデータソース］をクリックし、ダウンロードしておいた付属データ内の「5_データ.xlsx」に接続して、「人口」を画面上部にドロップします。

③ ［シート］タブに移動し、［データ］ペイン上部で「注文 (サンプル - スーパーストア)」を選択します。

④ ［データ］ペインの「都道府県」を［行］にドロップします。

294

⑤ メニューバーから [分析] > [計算フィールドの作成] をクリック、新しい計算フィールド「人口に対する顧客数の割合」を作成し、図のように式を組み立てます。
・人口に対する顧客数の割合
COUNTD([顧客 Id])
/MIN([人口 (5_データ)].
[人口 (人口)])

⑥ [OK] をクリックして画面を閉じます。

⑦ [データ] ペインの「人口に対する顧客数の割合」を右クリック > [既定のプロパティ] > [数値形式] をクリックし、[パーセント] で [小数点] を「4」にして、[OK] をクリックします。

⑧ [データ] ペインの「人口に対する顧客数の割合」を [列] にドロップします。都道府県ごとの人口に対する顧客数の割合を表示できました。

　[データ] ペイン上部で「人口 (5_データ)」に切り替えると、「都道府県」の右側にリンクフィールドアイコン が付いていることを確認できます。これは共通の列である「都道府県」で2つのデータを関連付けていることを意味します。

　このように同じ列名がある場合はその列名を使用すると、自動的に関連付けが行われます。

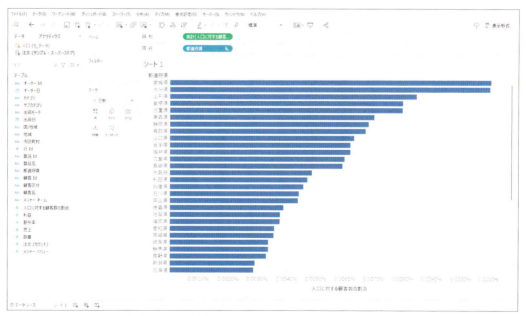

図5.2.9　共通の列である「都道府県」で関連付けられた

この例では、結合を使用することも可能です。

ブレンドでは関連付けたフィールドでそれぞれのデータを集計し、その後、Tableauの中で結合しています。今回の例では、「注文」データで各都道府県の顧客数をカウントし、「人口」データで各都道府県の人口を集計した後に、それらを組み合わせて表示しています。

［データ］ペイン上部のデータソース名の前にあるアイコン表示を見ると、1つ目にドロップしたデータには青いチェックマーク が付いています。これをプライマリデータソースと呼びます。2つ目以降にドロップしたデータには、オレンジ色のチェックマーク が付いています。これをセカンダリデータソースと呼びます。ブレンドは、プライマリデータソースを左側とした左結合となります。

まだ売上が発生していない都道府県があるため、「注文」データには、すべての都道府県のデータが含まれているわけではありません。「人口」データにはすべての都道府県が含まれます。図5.2.9は、「注文」シートがプライマリデータソースです。「注文」シートで左結合となり、「注文」シートの「都道府県」の値を表示するので、NULLが表示されることはありませんでした。一方、先の手順④で「人口」シートの「都道府県」をドロップすると、「人口」シートがプライマリデータソースとなります。「人口」シートの「都道府県」はすべての都道府県を含むので、図5.2.10のように売上がない都道府県も表示されることになります。

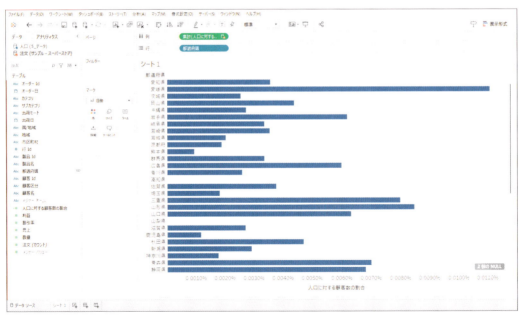

図5.2.10　プライマリデータソースがもつ「都道府県」の値をすべて表示している

■ 例3：売上と予算のデータから、予実を表示

「サンプル - スーパーストア.xls」にある「注文」シートと「5_データ.xlsx」にある「予算」シートを組み合わせて、「売上」と「予算」を年ごとに、「カテゴリ」と「商品区分」で比較します。

	A	B	C	D	E
1	オーダー日	カテゴリ	顧客区分	予算	
2	2021/1/1	事務用品	消費者	¥7,500	
3	2021/1/2	事務用品	消費者	¥12,700	
4	2021/1/3	事務用品	消費者	¥53,300	
5	2021/1/3	家電	消費者	¥125,200	
6	2021/1/4	事務用品	消費者	¥8,900	
7	2021/1/4	家電	消費者	¥117,400	
8	2021/1/5	事務用品	消費者	¥1,900	
9	2021/1/6	事務用品	大企業	¥18,700	

図5.2.11　「予算」シート

■ 例3-1：リレーションシップで予実を表示

まず、リレーションシップを使用して実現します。

1 「サンプル - スーパーストア.xls」に接続し、「注文」を画面上部にドロップします。

2 ［接続］の右側にある［追加］をクリックし、ダウンロードしておいた付属データ内の「5_データ.xlsx」に接続し、「予算」を画面上部にドロップします。

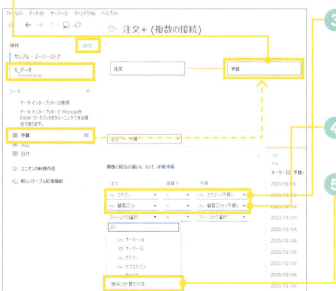

3 2つのテーブルで一致するフィールドとして「カテゴリ」と「顧客区分」を用い、「日付」を基に年単位で紐づけます。まず、両方のデータから「カテゴリ」を指定します。

4 ［フィールドをさらに追加］をクリックし、両方のデータから「顧客区分」を指定します。

5 ［フィールドをさらに追加］をクリックし、左のフィールドの選択画面から［関係の計算を作成］をクリックします。

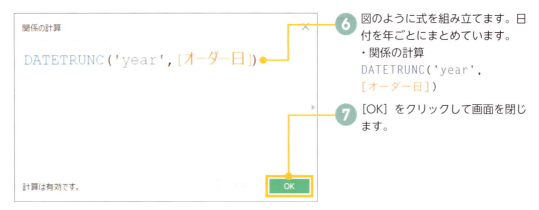

⑥ 図のように式を組み立てます。日付を年ごとにまとめています。
・関係の計算
DATETRUNC('year',[オーダー日])

⑦ [OK] をクリックして画面を閉じます。

⑧ 右のフィールドの選択画面からも同様に「関係の計算を作成」をクリックし、手順⑥の図を参考に「オーダー日」を「[オーダー日 (予算)]」に変更して、式を組み立てます。
・関係の計算
DATETRUNC('year',[オーダー日（予算)])

⑨ [OK] をクリックして画面を閉じます。

⑩ [シート] に移動し、[データ] ペインで、「注文」データの「オーダー日」「カテゴリ」「顧客区分」「売上」と、「予算」データの「予算 (予算)」を、[Ctrl] キーを押しながらすべてクリックして選択します。

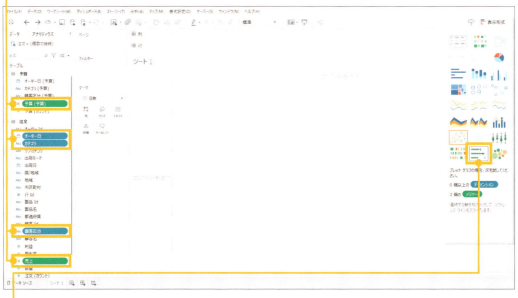

⑪ 画面右上の [表示形式] をクリックし、中央の列の一番下にある [ブレットグラフ] をクリックします。[表示形式] が表示されていない場合、Windowsは [Ctrl] + [1] キーを、macOSは [Command] + [1] キーを押して表示します。

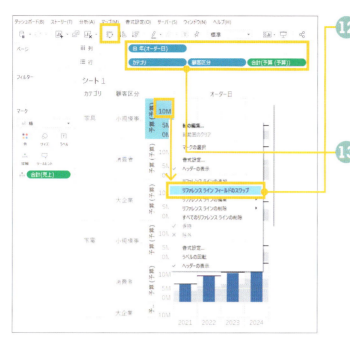

⑫ [行]に「合計(売上)」、[マーク]カードの[詳細]に[予算]が入っていることを確認します。逆になっている場合は、軸を右クリック>[リファレンスライン フィールドのスワップ]をクリックして入れ替えます。

⑬ [行]の「合計(売上)」を[列]に移動し、[列]の[年(オーダー日)]を[行]の一番左に移動します。最終的に次のように配置します。
- [列]:「合計(売上)」
- [行]:「年(オーダー日)」、「カテゴリ」、「顧客区分」
- [マーク]カードの[詳細]:[合計(予算(予算))]

⑭ 売上が予算を超えているか色で判別します。メニューバーから[分析]>[計算フィールドの作成]をクリック、新しい計算フィールド「予算超え」を作成し、図のように式を組み立てます。
・予算超え
SUM([売上])>SUM([予算 (予算)])

⑮ [OK]をクリックして画面を閉じます。

⑯ 作成した「予算超え」を[マーク]カードの[色]にドロップします。

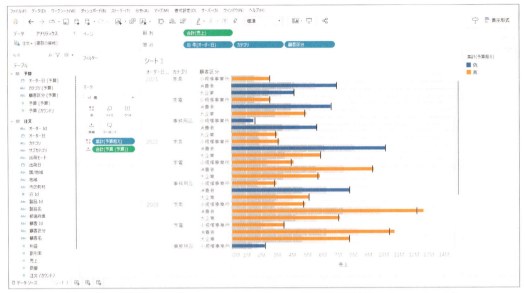

図5.2.12 「年」「カテゴリ」「顧客区分」の売上と予算の比較グラフ（リレーションシップ）

年、カテゴリ、顧客区分ごとに、売上が予算を達成しているか確認できるようになりました。

■ 例3-2：ブレンドで予実を表示

同様に、ブレンドでも同じ2つのデータを組み合わせます。

① 「サンプル - スーパーストア.xls」に接続し、「注文」を画面上部にドロップします。

② メニューバーから［データ］＞［新しいデータソース］をクリックし、ダウンロードしておいた付属データの「5_データ.xlsx」に接続し、「予算」を画面上部にドロップします。

③ ［シート］タブに移動し、［データ］ペイン上部で「注文（サンプル - スーパーストア）」をクリックします。

④ 表を参考に、グラフを作成します。

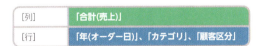

⑤ ［データ］ペイン上部で「予算（5_データ）」にクリックして切り替えます。

⑥ 「予算(予算)」を［列］にドロップします。

⑦ リレーションシップの手順⓫以降を同様に実行することで、「年」「カテゴリ」「顧客区分」ごとの売上と予算を比較できます。

MEMO リレーションシップの手順⑭にある「予算超え」の計算式は、ブレンドの場合、以下のようになります。
SUM([売上])>SUM([予算（5_データ）].[予算（予算）])

　セカンダリデータソースである「予算（5_データ）」をクリックして確認すると、フィールド名の横にリンクフィールドアイコン🔗があり、「オーダー日」、「カテゴリ」、「顧客区分」でリンクが張られていることが確認できます。なお、この例ではブレンドを使用するほうが、データの組み合わせが容易になりました。

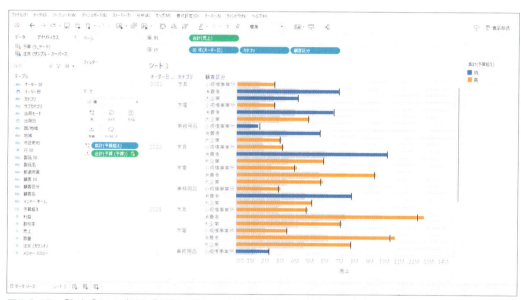

図5.2.13　「年」「カテゴリ」「顧客区分」の売上と予算の比較グラフ（ブレンド）

■ 例4：売上のデータより、オーダーから出荷までの日数を算出（結合）

　複数のデータを1行ずつ組み合わせて結合したい場合の多くは、例1で示したようにリレーションシップでも対応可能です。しかし、結合が不可欠となる場合もあります。1つのテーブルを作成する結合ならではの動作が必要なケースです。例1ではシンプルな例を挙げましたので、ここではもう少し応用的な結合が必要となる使用例を紹介します。結合条件に不等号を使用して、データに存在しない行を生成します。
　「サンプル - スーパーストア.xls」にある「注文」シートから、オーダーを受けてまだ出荷していない2024年の受注残を日別に表現します。「注文」シートでは、注文ごとにオーダー日と出荷日の情報が含まれています。しかし、「注文」シートのデータのもち方では、日別に未発送の件数を把握することが困難です。そこで、1日ごとの日付リストである「日付」シートを結合で組み

合わせることで、データを整形します。

　具体例で考えましょう。ある行には「オーダー日」に「1/1」、「出荷日」に「1/3」が入っています。結合を工夫して1行のデータを「1/1」、「1/2」、「1/3」の3行に増幅することで、「1/1」から「1/3」の3日間にわたって、この行のデータは受注残を抱えていたことを表すことができます。

　これは、「同一行にINとOUTが発生するデータ」で必要となるテクニックです。賃貸、入退院、出退勤、入退社、契約開始終了などで使われます。

　この方法を適用するには、あらかじめ対象期間を含むデータを用意しておく必要があります。ここではダウンロードしておいた付属データ「5_データ.xlsx」にある「日付」シートを利用します。このデータは、2024年の1/1から12/31までを1行ずつ含んでいます。

	A	B	C	D
1	日付			
2	2024/1/1			
3	2024/1/2			
4	2024/1/3			
5	2024/1/4			
6	2024/1/5			
7	2024/1/6			
8	2024/1/7			
9	2024/1/8			

図5.2.14　「日付」シート

データベースに接続しているとき、「日付」シートのような日付データを用意しなくても、対象期間のデータをカスタムSQLで生成することもできます。カスタムSQLを使って日付を生成すると、将来、日付を追加する運用が不要になります。

❶「サンプル - スーパーストア.xls」に接続し、「注文」を画面上部にドロップします。

❷ ［接続］の右側にある［追加］をクリックし、ダウンロードしておいた付属データ内の「5_データ.xlsx」に接続します。

❸ ドロップした「注文」をダブルクリックしてから、「5_データ.xlsx」の「日付」を画面上部にドロップします。

④ 2つのデータをつなぐ結合ダイアログ（ベン図のアイコン）をクリックし、図のように指定します。
- 結合：内部
- データソース　　　日付
  オーダー日　<=　日付
  出荷日　　　>=　日付

　この結合句によって「オーダー日」より後ろの「日付」かつ、「出荷日」より前の「日付」を重複します。各「行Id」に対して、オーダー日から出荷日までの「日付」が1日1行ずつ生成されます。

図5.2.15　オーダー日から出荷日までの「日付」が1日1行ずつ生成された

303

未出荷の場合、出荷日に値は入っていません。出荷日に当たる終了の日付データが NULLの場合、[結合計算の編集] から図のように式を組み立てると、このデータがもつ最終日までを表現できます。実際に使用する際は、「#2024-12-31#」の部分に本日を表す「TODAY()」を適用するとよいでしょう。

・結合計算
IFNULL([出荷日],#2024-12-31#)
IFNULL([出荷日],TODAY())

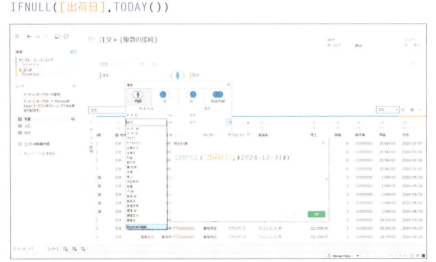

図5.2.16　終了日が入っていないデータの処理

[列]	「年(日付)」、「月(日付)」、「日(日付)」
[行]	「カウント(注文)」
[マーク] カード	「棒」

❺ [シート] タブに移動して、表を参考にグラフを作成します。

　図5.2.17にビューを示します。受注残の多い日や、月別平均を把握できるようになりました。なお、図5.2.17には [アナリティクス] ペインから「平均線」を引き、その値を表示しています。

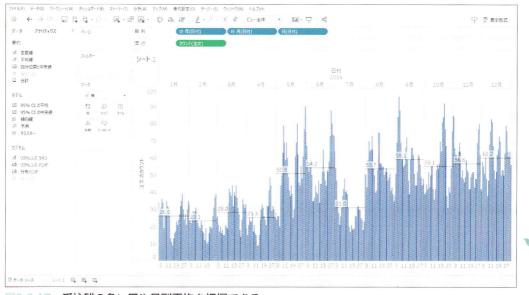

図5.2.17 受注残の多い日や月別平均を把握できる

5.2.2 ユニオンの使用例

　ユニオンは、複数のデータを縦方向に組み合わせて1つのテーブルを作成します。月次のデータや、拠点ごとに出力される同じ構造のデータを組み合わせるために使用されることが多いです。

　ここでは、本書の付属データである「5_2023年売上.xlsx」と「5_2024年売上.xlsx」をユニオンして、2年分の月次の売上推移を算出します。それぞれのデータには、1カ月分の売上を1つのシートにまとめ、12カ月分の売上データが含まれています。

本項で使用している「5_2023年売上.xlsx」と「5_2024年売上.xlsx」は、本書の付属データとして翔泳社のサイトからダウンロードできます。あらかじめ「付属データのご案内」を参照してダウンロードし、ご利用のマシンの任意の場所に保存しておいてください。

① ダウンロードしておいた「5_2023年売上.xlsx」に接続し、[ユニオンの新規作成]を画面上部にドロップします。

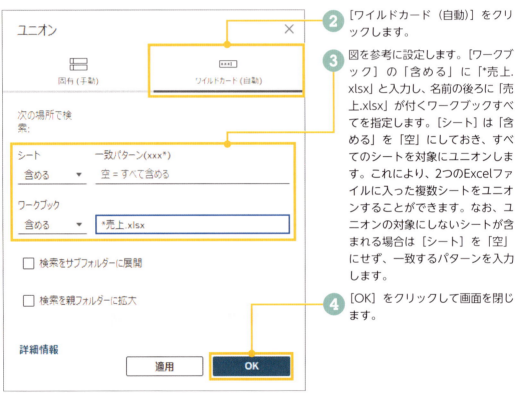

② [ワイルドカード(自動)]をクリックします。

③ 図を参考に設定します。[ワークブック]の「含める」に「*売上.xlsx」と入力し、名前の後ろに「売上.xlsx」が付くワークブックすべてを指定します。[シート]は「含める」を「空」にしておき、すべてのシートを対象にユニオンします。これにより、2つのExcelファイルに入った複数シートをユニオンすることができます。なお、ユニオンの対象にしないシートが含まれる場合は[シート]を「空」にせず、一致するパターンを入力します。

④ [OK]をクリックして画面を閉じます。

MEMO　手順③で[検索をサブフォルダーに展開]と[検索を親フォルダーに拡大]をチェックすると、それぞれ指定したデータのフォルダーより下の階層と上の階層にあるフォルダーのファイルも対象にできます。

⑤ [シート]に移動して、表を参考にグラフを作成します。

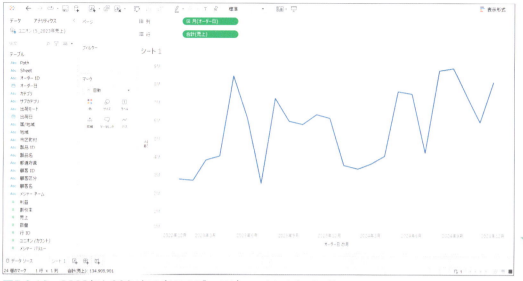

図5.2.18 2023年と2024年の各月のデータがユニオンされている

COLUMN

ファイルのデータを接続する際、ショートカット機能が利用できます。
スタートページまたは［シート］タブにファイルをドロップすると、新しいデータソースとして追加されます。

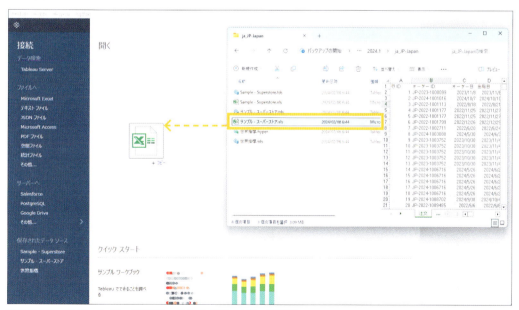

図5.2.19 スタートページにファイルをドロップして接続

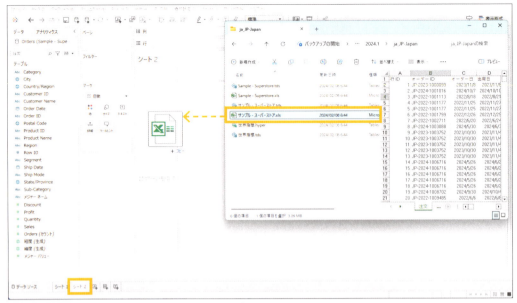

図5.2.20　[シート] タブにファイルをドロップして接続

　[データソース] タブにファイルをドロップすると、[追加] を使用して接続した場合と同様にデータソースが追加されます。

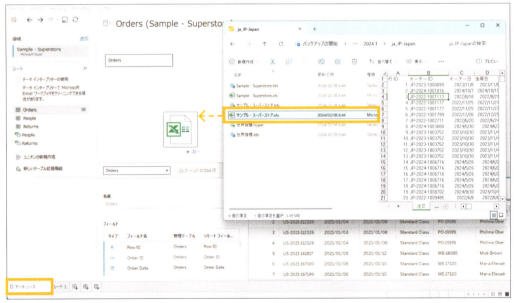

図5.2.21　[データソース] タブにファイルをドロップして追加

アクション

アクションは、ビューでマウスオーバーやクリックなどの「アクション」を行うことで、ターゲットのビューに変化を与えることができる機能です。アクションには大きく分けて2種類あります。1つ目は、アクションで選択した値を直接ターゲットにフィルターやハイライトなどで反映するタイプのアクションです（6.1）。2つ目は、アクションで選択した値をパラメーターやセットの値に変更するタイプのアクションです（6.2と6.3）。このタイプのアクションでは、変更したパラメーターやセットをビューに適用したり計算フィールドに組み込んだりすることで、間接的にビューに反映できます。

アクションの基本

ここではビューでのアクションの結果を直接ターゲットのビューに反映する、4つのアクションについて説明します。フィルターアクションでは、選択した値でターゲットのビューをフィルターします。ハイライトアクションでは、選択した値でターゲットのビューをハイライトします。URLアクションでは、選択した値に基づいてWebページのオブジェクトまたはブラウザで指定のWebページを表示します。移動アクションでは、選択した値に基づいて指定のシート等に移動します。

6.1.1 フィルター、ハイライト、URL、移動のアクション

ビューで実行したアクションによって、直接ターゲットに反映するアクションは4種類あります。これらは、アクションの種類によってそれぞれ決められた動作を行うアクションです。

表6.1.1 ターゲットに直接反映する4種類のアクション

フィルターアクション	アクションで選択した値を使用して、指定したシートにフィルターを適用する。フィルターの適用先として現在のシートとは異なる画面上のシートやダッシュボードを指定した場合、フィルターが実行されると同時にその画面に移動する
ハイライトアクション	アクションで選択した値を使用して、指定したシートにハイライトを適用する
URLアクション	アクションを実行すると、指定したWebページをダッシュボード内のWebページオブジェクトまたはブラウザで表示する。その際、URLの一部にアクションで選択した値を含めることが可能
移動アクション	アクションを実行すると、指定した他のシート、ダッシュボード、ストーリーに移動する

表6.1.2 3種類のアクションの実行対象

カーソルを合わせる	マウスオーバー
選択	クリック
メニュー	ツールチップ内のリンクをクリック。複数のアクションを設定している場合や、画面遷移を伴うアクションを実行する際に使うことが多い

6.1.2 アクションの活用例

　4種類のアクションの活用例を紹介します。本章では、Tableau Desktopに同梱されているデータを使用します。「マイ Tableau リポジトリ」＞「データ ソース」＞「バージョン番号」＞「ja_JP-Japan」配下にある、「サンプル - スーパーストア.xls」をクリックし、「注文」のシートを使用します。ここでは、図6.1.1から図6.1.4までのシートを作成し、図6.1.5と図6.1.6のようにダッシュボードに配置した状態から始めます。

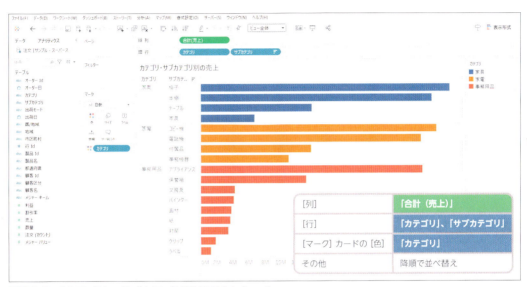

図6.1.1　「カテゴリ・サブカテゴリ別の売上」シート

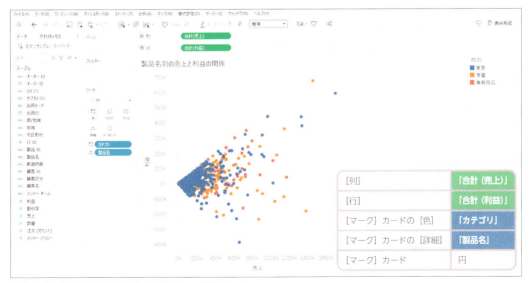

図6.1.2　「製品名別の売上と利益の関係」シート

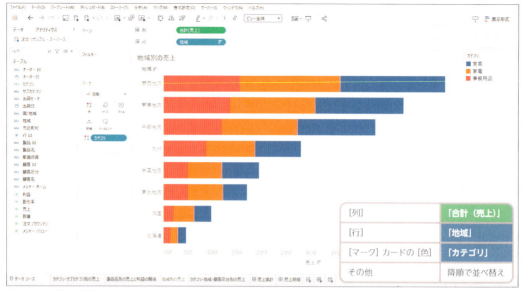

図6.1.3 「地域別の売上」シート

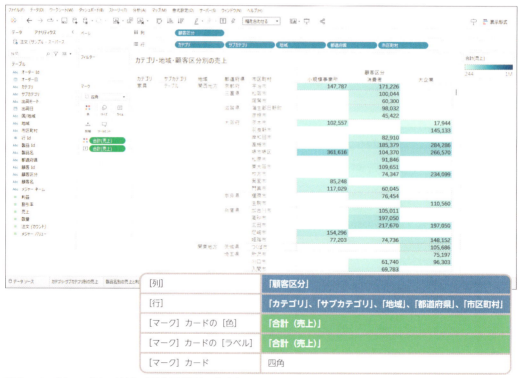

図6.1.4 「カテゴリ・地域・顧客区分別の売上」シート

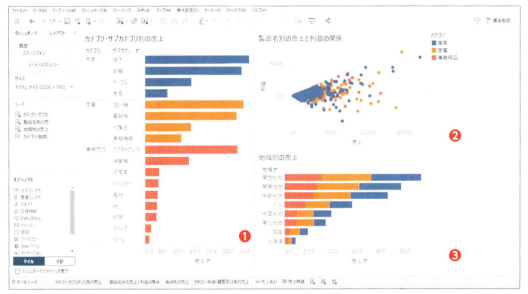

図6.1.5 「売上集計」ダッシュボード

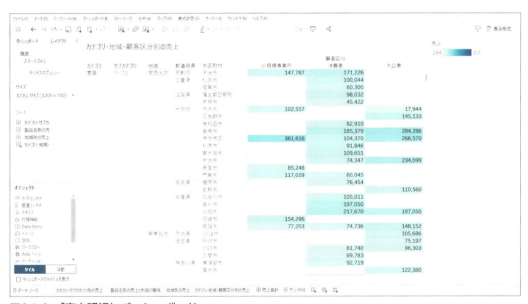

図6.1.6 「売上明細」ダッシュボード

　2つのダッシュボードに対して複数のアクションを設定していきます。最初に、アクションの流れを説明します。

　まず、ハイライトアクションを設定します。図6.1.5のダッシュボードにある❶の棒グラフをマウスオーバーすると、右上の❷の散布図で選択したカテゴリと同じカテゴリをハイライトします。これにより、全体の中でそのカテゴリの位置を把握できるようにします。

次に、URLアクションを設定します。右上にある❷の散布図で気になった製品名を、Googleで検索できるようにしておきます。

　さらに、フィルターアクションを3カ所設定します。図6.1.5のダッシュボードにある❶の棒グラフのカテゴリもしくはサブカテゴリをクリックすると、その値で右下の❸の棒グラフがフィルターされます。続けて、その❸の棒グラフをクリックして表示されたツールヒントのリンクをクリックすると、これまでに選択したフィルターが反映された売上の明細を表示する、図6.1.6に移動します。最後に、移動アクションを設定します。図6.1.6の表をクリックして出てきたツールヒントのリンクをクリックすると、最初のダッシュボードに戻ります。

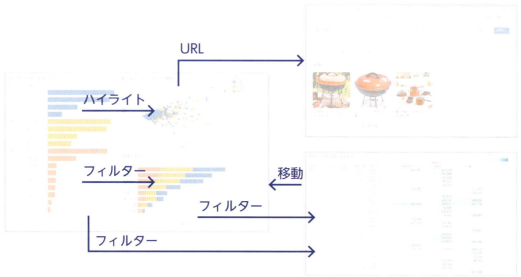

図6.1.7　本項で作成するアクションの活用例のイメージ

■ ハイライトアクションを適用

　図6.1.5の❶の棒グラフをマウスオーバーすることで、右上の❷の散布図をカテゴリ単位でハイライトします。このアクションは、ダッシュボード「売上集計」で操作します。

① メニューバーから［ダッシュボード］＞［アクション］をクリックします。

② ［アクションの追加］＞［ハイライト］をクリックします。

③ 図のように設定します。

④ ［OK］を2回クリックして、画面を閉じます。❶の棒グラフをマウスオーバーすると、❷の散布図がカテゴリ単位でハイライトされるようになりました。

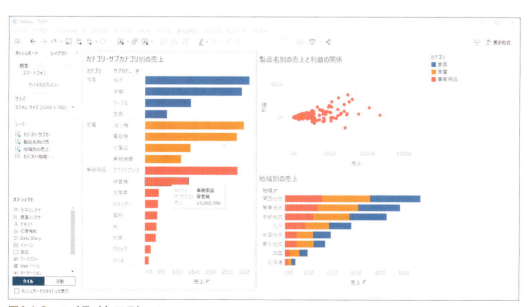

図6.1.8　ハイライトアクション

■ URLアクションを適用

図6.1.5の❷の散布図で、製品名のマークをクリックして表示されるメニューでリンクをクリックすると、その製品名でGoogle検索したWebページが表示されるようにします。

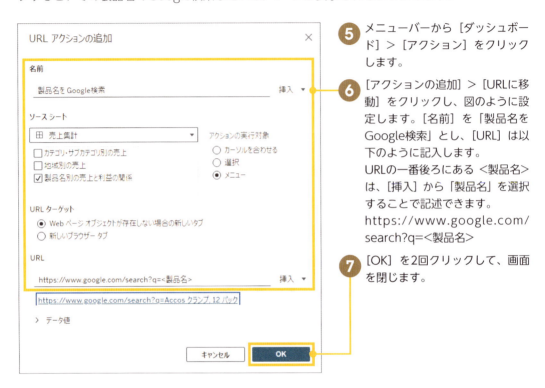

❺ メニューバーから［ダッシュボード］＞［アクション］をクリックします。

❻ ［アクションの追加］＞［URLに移動］をクリックし、図のように設定します。［名前］を「製品名をGoogle検索」とし、［URL］は以下のように記入します。
URLの一番後ろにある＜製品名＞は、［挿入］から「製品名」を選択することで記述できます。
https://www.google.com/search?q=＜製品名＞

❼ ［OK］を2回クリックして、画面を閉じます。

❷の散布図のマークをクリックし、表示されたツールヒントのリンク「製品名をGoogle検索」をクリックすると新しいブラウザのタブが開き、その製品名でのGoogle検索結果が表示されます。

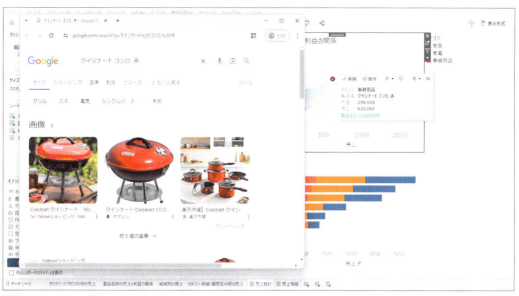

図6.1.9　URLアクション

■ 同一のダッシュボード内でフィルターアクションを適用

図6.1.5の❶の棒グラフをクリックすることで、❸の棒グラフをフィルターできるようにします。

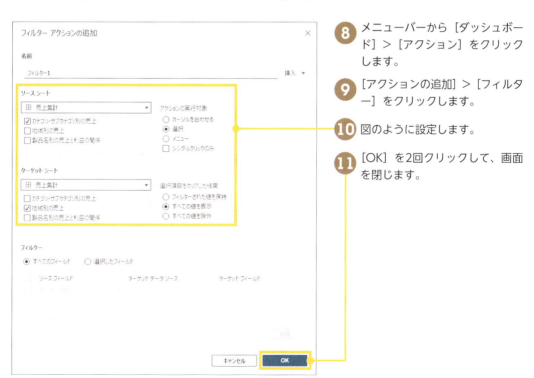

❽ メニューバーから［ダッシュボード］＞［アクション］をクリックします。

❾ ［アクションの追加］＞［フィルター］をクリックします。

❿ 図のように設定します。

⓫ ［OK］を2回クリックして、画面を閉じます。

317

■ **フィルターアクションで設定されたフィルターを別のダッシュボードに反映**

　フィルターアクションは、「ターゲットシート」に異なるダッシュボード上のシートを同時に指定することはできません。たとえば手順❿⓫の画面では、図6.1.5の❸の「地域別の売上」シートと図6.1.6の「カテゴリ・地域・顧客区分別の売上」シートを同時にターゲットシートとして指定することはできません。そこで、図6.1.5の❸のシートに設定したフィルターアクションを手動で別途図6.1.6にも適用させるようにします。

⓬　図6.1.5の❶の棒グラフをクリックして、手順❽〜⓫のフィルターアクションを実行します。一度アクションが実行されると、図6.1.3の「地域別の売上」シートの［フィルター］シェルフにアクションのフィルター「アクション(カテゴリ,サブカテゴリ)」が追加されます。これは、アクションで選択されたカテゴリとサブカテゴリを用いてシートをフィルターすることを意味しています。

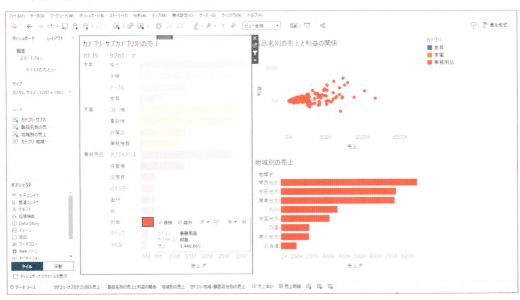

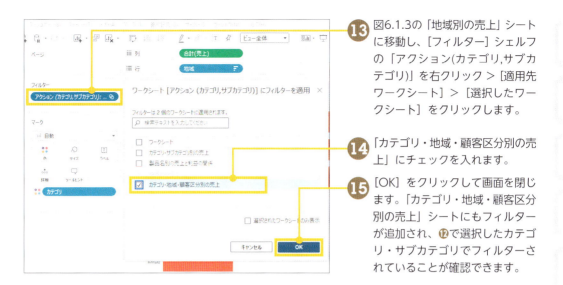

⑬ 図6.1.3の「地域別の売上」シートに移動し、[フィルター]シェルフの「アクション(カテゴリ,サブカテゴリ)」を右クリック > [適用先ワークシート] > [選択したワークシート]をクリックします。

⑭ 「カテゴリ・地域・顧客区分別の売上」にチェックを入れます。

⑮ [OK]をクリックして画面を閉じます。「カテゴリ・地域・顧客区分別の売上」シートにもフィルターが追加され、⑫で選択したカテゴリ・サブカテゴリでフィルターされていることが確認できます。

■ 別のダッシュボードにフィルターアクションを適用

図6.1.5の❸の棒グラフから、メニューのリンクをクリックすることで図6.1.6にフィルターして移動します。

⑯ 図6.1.5のダッシュボード「売上集計」で、メニューバーから[ダッシュボード] > [アクション]をクリックします。

⑰ [アクションの追加] > [フィルター]をクリックします。

⑱ [名前]を「売上明細に移動」とし、図のように設定します。

⑲ [OK]を2回クリックして、画面を閉じます。

❸の棒グラフをクリックし、表示されたツールヒントのリンク「売上明細に移動」をクリックすると、選択した値でフィルターしつつターゲットシートに指定した2つ目のダッシュボード「売上明細」に移動します。フィルターしながら移動させたい場合は、「フィルター」アクションを使用します。

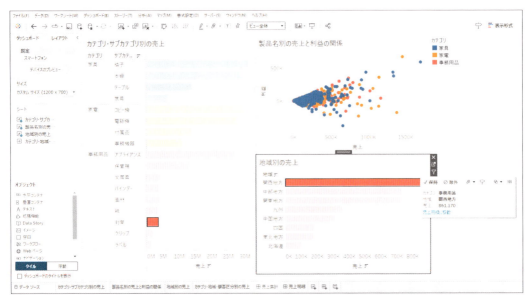

図6.1.10　フィルターアクション

■ 移動アクションを適用して別のダッシュボードに移動

図6.1.6の「売上明細」から、メニューのリンクをクリックすることで図6.1.5「売上集計」に移動します。

20 図6.1.6のダッシュボード「売上明細」のメニューバーから、[ダッシュボード] > [アクション] をクリックします。

21 [アクションの追加] > [シートに移動] をクリックします。

22 [名前] を「売上集計に移動」とし、図のように設定します。

23 [OK] を2回クリックして、画面を閉じます。

ダッシュボード「売上明細」のビューをクリックし、表示されたツールヒントのリンク「売上集計に移動」をクリックすると、ターゲットシートに指定した1つ目のダッシュボード「売上集計」に移動します。フィルターせずに移動させたい場合は、「シートに移動」アクションを使用します。

■ タイトルにフィルター条件を表示

アクションとは直接関係ありませんが、遷移先のダッシュボードである図6.1.6「売上明細」でもフィルター条件を確認できるようにするため、ダッシュボードのタイトルにフィルター条件を表示します。

㉔ タイトルを右クリック>[タイトルの編集]をクリックします。

㉕ [挿入]をクリックして、使用しているフィールドを表示できます。図のように編集します。
<シート名>
地域：<地域>
カテゴリ：<カテゴリ>、サブカテゴリ：<サブカテゴリ>

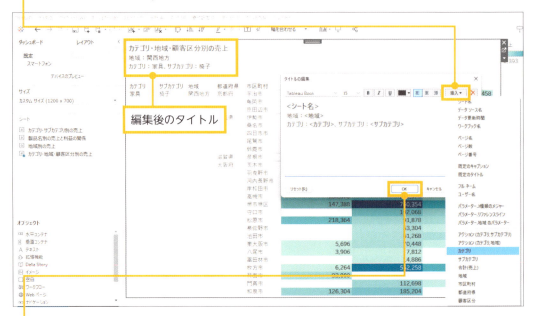

㉖ [OK]をクリックして画面を閉じます。

MEMO ダッシュボードに含めたシートを個別のタブでは表示させたくない場合は、ダッシュボード名を右クリック > [すべてのシートを非表示] をクリックすることで、シートを非表示にできます。シートを表示する必要がない場合は、非表示にすることでタブが整理され、見やすくなります。

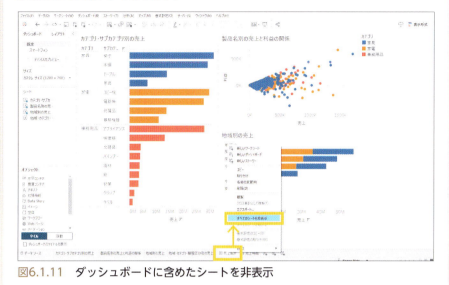

図6.1.11　ダッシュボードに含めたシートを非表示

COLUMN

アクションを使用すると、ビューを選択するため、選択した値がハイライトされます。ハイライトさせたくないときは、表示に影響がないフィールドを作成し、そのフィールドのみにハイライトするようにアクションで設定します。

ここでは新しいワークブックでシンプルな2つのシートを作成し、1つ目のシートをソースシートとしてフィルターアクションを設定したダッシュボードを例にします。「サンプル - スーパーストア.xls」の「注文」のシートを使用します。

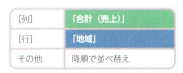

❶「地域」というシートを作成し、表を参考にグラフを作成します。

❷「市区町村」というシートを作成し、表を参考にグラフを作成します。

❸ 新しいダッシュボードを作成し、左側に「地域」、右側に「市区町村」のシートを配置します。

323

❹「地域」のシートをクリックして枠線を表示し、枠線の右上にある［フィルターとして使用］アイコン🔽をクリックします。これにより「地域」シートから「市区町村」シートにフィルターできます。

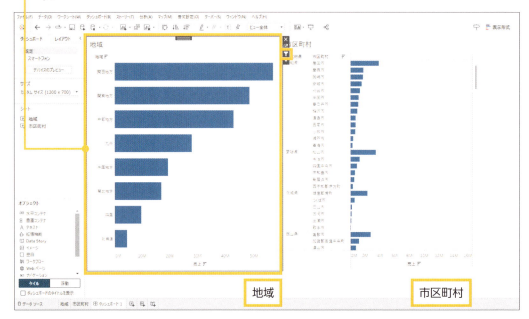

この段階では、「地域」シートで選択すると、その地域で「市区町村」シートがフィルターされ、「地域」シートでは選択した値がハイライトされます。❺以降で、選択してもハイライトされないよう工夫します。

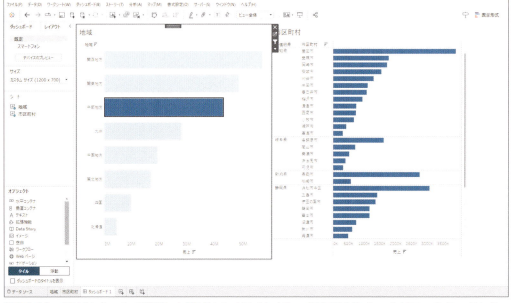

図6.1.12 「地域」シートで選択した地域はハイライトされ、「市区町村」シートはフィルターされる

324

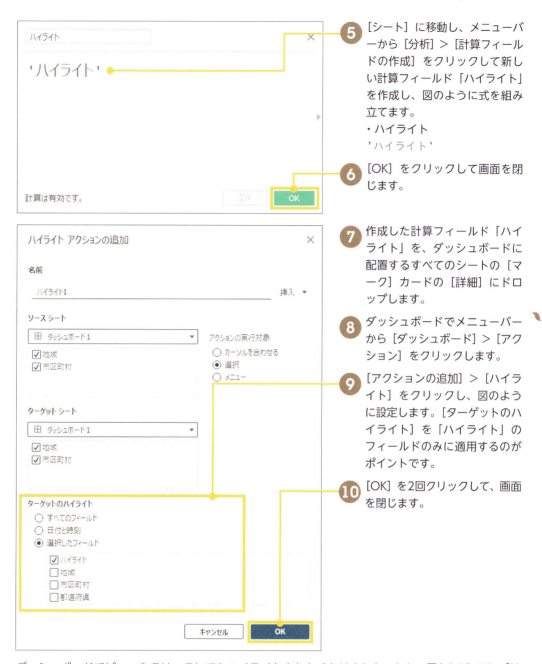

5 [シート] に移動し、メニューバーから [分析] > [計算フィールドの作成] をクリックして新しい計算フィールド「ハイライト」を作成し、図のように式を組み立てます。
・ハイライト
'ハイライト'

6 [OK] をクリックして画面を閉じます。

7 作成した計算フィールド「ハイライト」を、ダッシュボードに配置するすべてのシートの [マーク] カードの [詳細] にドロップします。

8 ダッシュボードでメニューバーから [ダッシュボード] > [アクション] をクリックします。

9 [アクションの追加] > [ハイライト] をクリックし、図のように設定します。[ターゲットのハイライト] を「ハイライト」のフィールドのみに適用するのがポイントです。

10 [OK] を2回クリックして、画面を閉じます。

ダッシュボードでビューをクリックしてもハイライトされなくなりました。なお、図6.1.13では、「地域」シートのツールヒントを編集して「ハイライト」というテキストを表示しないように削除しています。

325

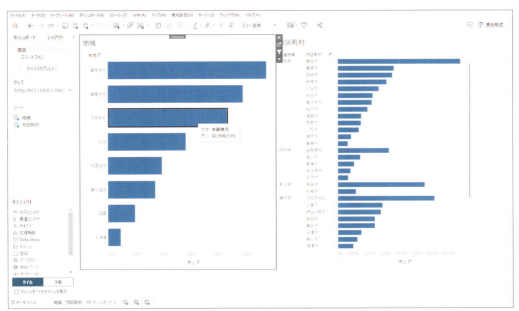

図6.1.13　ビュー上で選択してもハイライトされなくなった

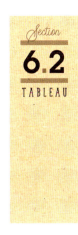

セットアクション

ここで紹介するのは、セットの値をビューで変更できるセットアクションです。セットとは、あるフィールドの一部の値の集合です。セットはそのままビューにドロップして使うこともできますし、計算フィールドに含めて、色やフィルターなどに使用することもできます。セットはリストやドロップダウンから値を選択できますが、セットアクションとして使用すると、ビュー上でアクションを実行することでセットの値を動的に変更させることができます。

6.2.1 セットアクションとパラメーターアクションの概要

6.1で扱った4つのアクションはフィルターやハイライトなど、反映方法が決まっていました。一方で、セットアクションとパラメーターアクションは保持する値を変更するものです。そのため、さらにそのセットやパラメーターを活用する必要があり、色分けやフィルターなどのさまざまな効果に反映できます。

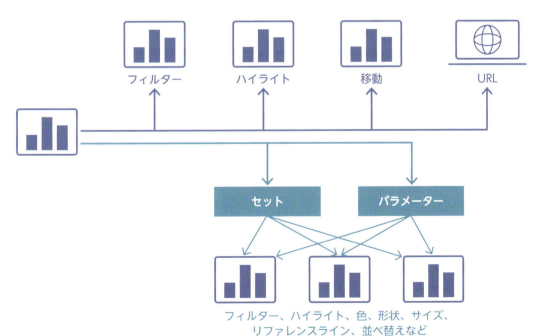

図6.2.1　セットアクションとパラメーターアクションはビューで変更する値を他の効果に活用する

6.2.2 セットアクションとは

セットとは、あるフィールドの一部の値で構成するサブセットです。たとえば、「地域」のフィールドから、関東地方と関西地方だけを抜き出したフィールドをセットで作成できます。セットは1つのディメンションから作成されます。セットはそのメンバーを含むか含まないか（IN/OUT）、または含めたメンバーの値を表現する働きをするフィールドです。

セットアクションを使用すると、ビューでクリックした複数の値にセットのメンバーを更新することができます。セットコントロールの表示と両立することも可能です（2つ目の例）。セットアクションを実装する手順は次のようになります。なお、②ではセットをそのままシェルフにドロップして使用することもできますし、計算フィールドに入れるなどして他の機能に組み込んで使用することもできます。

①セットの作成
②セット値の反映
③セットアクションの設定

6.2.3 セットアクションの使用例

ここでは、セットアクションを使用した2つの例を紹介します。1つ目はセットをIN/OUTとしてそのまま使用するケースで、2つ目は計算フィールドに含めて使用するケースです。

■ セットをIN/OUTのまま使用

セットアクションを使用して、ビューで選択した値が占める割合を動的に表示する仕組みを作成できます。地図で選択した都道府県の占める割合を年ごとに表示します。ここでは、図6.2.2、図6.2.3を作成した状態から始めます。手順❶〜❸でセットを作成し、手順❹〜❽でセット値を反映させ、手順❾以降でセットアクションを設定します。

図6.2.2 「都道府県ごとの売上マップ」シート：セットの値を変更するビュー

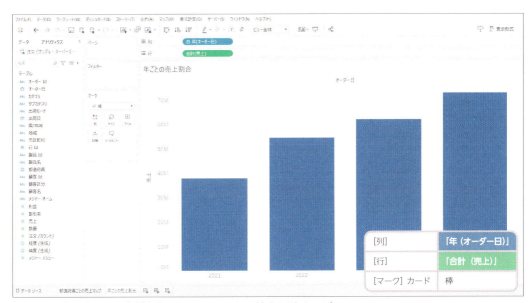

図6.2.3 「年ごとの売上割合」シート：セットの値を反映するビュー

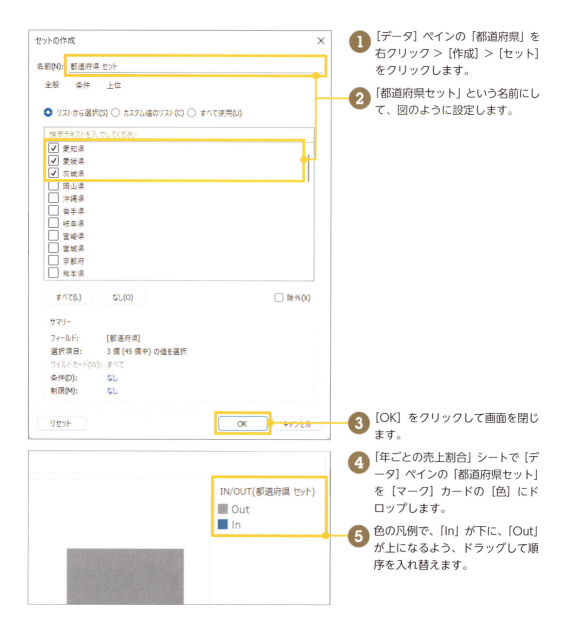

① [データ] ペインの「都道府県」を右クリック > [作成] > [セット] をクリックします。

② 「都道府県セット」という名前にして、図のように設定します。

③ [OK] をクリックして画面を閉じます。

④ 「年ごとの売上割合」シートで [データ] ペインの「都道府県セット」を [マーク] カードの [色] にドロップします。

⑤ 色の凡例で、「In」が下に、「Out」が上になるよう、ドラッグして順序を入れ替えます。

⑥ [行] の「合計（売上）」を右クリック > [簡易表計算] > [合計に対する割合] をクリックします。

⑦ もう一度、「合計（売上）」を右クリック > [次を使用して計算] > [表（下）] をクリックします。

⑧ [行] にある「合計（売上）」を、Windowsの場合は [Ctrl] キーを押しながら、macOSの場合は [Command] キーを押しながら、[マーク] カードの [ラベル] にドロップします。表計算の設定を保持したまま、「合計（売上）」の割合を [ラベル] にも追加することができました。

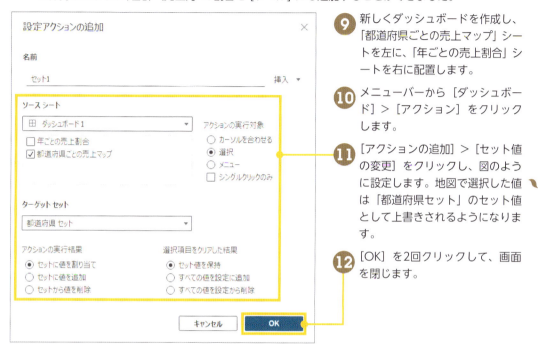

⑨ 新しくダッシュボードを作成し、「都道府県ごとの売上マップ」シートを左に、「年ごとの売上割合」シートを右に配置します。

⑩ メニューバーから [ダッシュボード] > [アクション] をクリックします。

⑪ [アクションの追加] > [セット値の変更] をクリックし、図のように設定します。地図で選択した値は「都道府県セット」のセット値として上書きされるようになります。

⑫ [OK] を2回クリックして、画面を閉じます。

地図で都道府県を選択するとセット値が上書きされ、そのセットのメンバーの割合を動的に表示できるようになりました。さらに、地図である都道府県のツールヒントに表示される地域をクリックすると、その地域全体を選択することもできます。図6.2.4は、東京都をクリックしてから、ツールヒントで「関東地方」をクリックしたものです。このようにツールヒントを活用すると、動的な分析の幅が広がります。

331

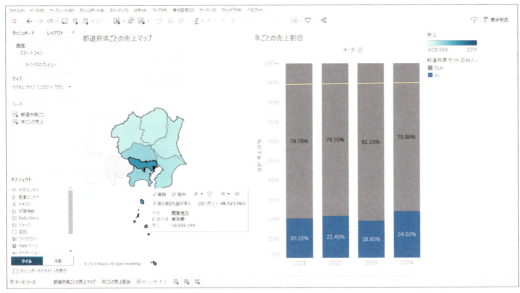

図6.2.4　セットをIN/OUTとして色で使用した

■ セットを計算フィールドに入れて使用

　セットアクションを使用して、ビューで選択した値のみ、詳細を表示する仕組みを作成できます。地域ごとに売上を表示し、地域をクリックすると、その地域のみ都道府県まで表示できるビューを作成します。ここでは、図6.2.5を作成した状態から始めます。手順❶〜❸でセットを作成し、手順❹〜❾でセット値を反映させ、手順❿以降でセットアクションを設定します。

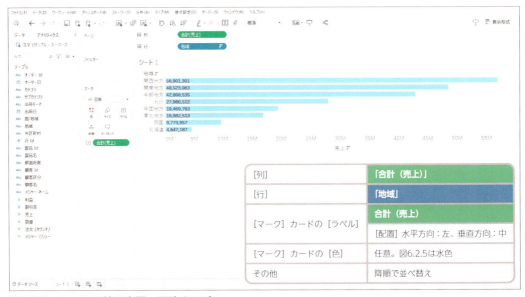

図6.2.5　セットの値を変更・反映するビュー

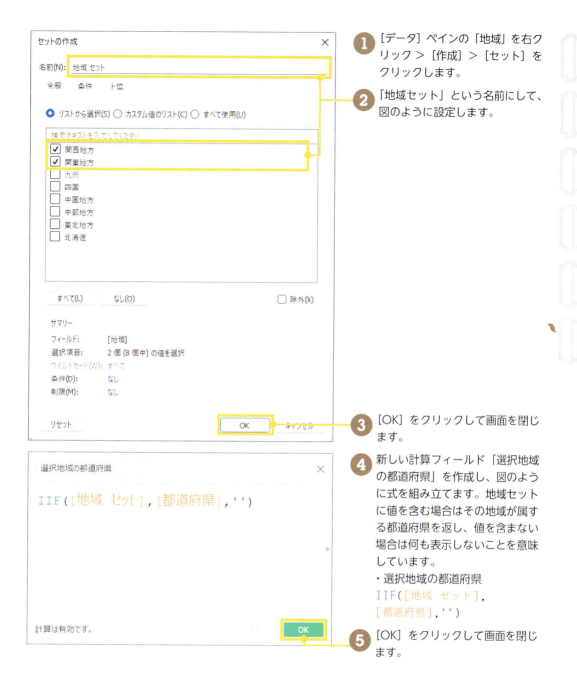

① [データ] ペインの「地域」を右クリック >[作成] >[セット] をクリックします。

② 「地域セット」という名前にして、図のように設定します。

③ [OK] をクリックして画面を閉じます。

④ 新しい計算フィールド「選択地域の都道府県」を作成し、図のように式を組み立てます。地域セットに値を含む場合はその地域が属する都道府県を返し、値を含まない場合は何も表示しないことを意味しています。
・選択地域の都道府県
IIF([地域 セット],
[都道府県],'')

⑤ [OK] をクリックして画面を閉じます。

❻ 作成した計算フィールド「選択地域の都道府県」を［行］にドロップします。

❼ ツールバーの降順で並べ替えるボタン をクリックします。

❽ ［データ］ペインの「地域セット」を右クリック＞［セットの表示］をクリックします。

❾ ダッシュボードを作成し、シートをドロップします。

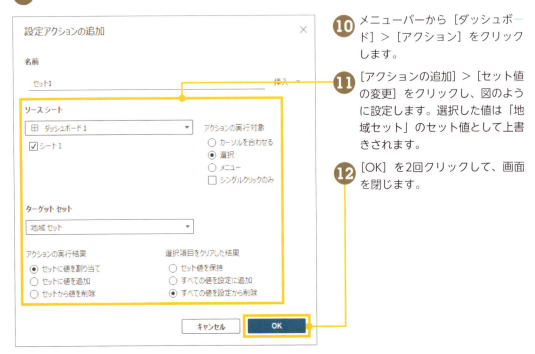

❿ メニューバーから［ダッシュボード］＞［アクション］をクリックします。

⓫ ［アクションの追加］＞［セット値の変更］をクリックし、図のように設定します。選択した値は「地域セット」のセット値として上書きされます。

⓬ ［OK］を2回クリックして、画面を閉じます。

　図6.2.6では、ビュー上で地域を選択するとセット値が上書きされ、その地域のみ、より細かい都道府県の単位で見ることができています。なお、棒をクリックまたはドラッグして複数選択しても、地域名をクリックまたは複数選択しても、選択対象を変更できます。

　このようにセットアクションを使用することで、ユーザーはより直感的に目的のデータにアクセスできます。また、画面右側に表示したセットコントロールのリストからメンバーを変更することもできます。どちらで操作しても連動して表示されます。

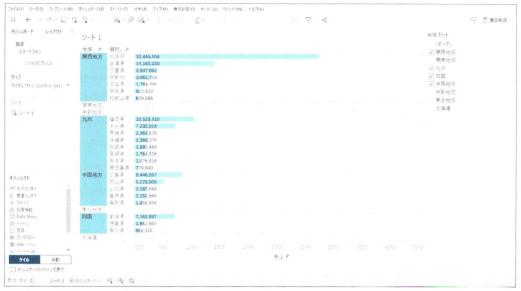

図6.2.6　計算フィールドの中にセットを使ったセットアクション

アクションは、ダッシュボードだけでなくシートに対して設定することもできます。メニューバーから［ワークシート］＞［アクション］をクリックし、ダッシュボードと同様に設定します。

パラメーターアクション

ここで紹介するのは、パラメーターの値をビューで変更できるパラメーターアクションです。パラメーターとは、リストから選択したり、任意の値を入力したりすることで値を与えられる変数です。さらにパラメーターアクションとして使用すると、ビュー上で選択する値をパラメーターの値として自動的に更新することができます。

6.3.1 パラメーターアクションとは

<u>パラメーター</u>とは、ユーザーが指定する定数を指定できる変数です。元のデータに存在しない値を取り入れることができる方法で、計算フィールド、フィルター、リファレンスラインなどに反映できます。パラメーターコントロールを表示して、リストや入力などで値を更新できます。

　パラメーターアクションを使用すると、ビューをクリックすることでパラメーターで指定する値を更新することができます。パラメーターコントロールの表示と両立することも可能です（1つ目の例）。文字列のパラメーターは、指定のフィールドがもつ値を取り入れてリストを作成できます（2つ目の例）。また、メジャーネームをパラメーターの値として指定することもできます（3つ目の例）。パラメーターアクションを実装する手順は、次のようになります。

　①パラメーターの作成
　②パラメーター値の反映
　③パラメーターアクションの設定

6.3.2 パラメーターアクションの使用例

　ここでは、パラメーターアクションを使用した3つの例を紹介します。1つ目はパラメーターの数値を更新するケースで、残りの2つは文字列を更新するケースです。

■ 数値のパラメーター値を変更

　パラメーターアクションを使用して、ビューで選択した集計値をリファレンスラインと色とタイトルに反映する仕組みを作成します。月次推移で表した「売上」の棒グラフの上に、選択した年月の平均値または入力値でパラメーターの値を更新させます。また、そのパラメーター値を超えている棒は、異なる色にして目立たせます。ここでは、図6.3.1を作成した状態から始めます。手順❶〜❹でパラメーターを作成し、手順❺〜⓮でパラメーター値を反映させ、手順⓯以降でパラメーターアクションを設定します。

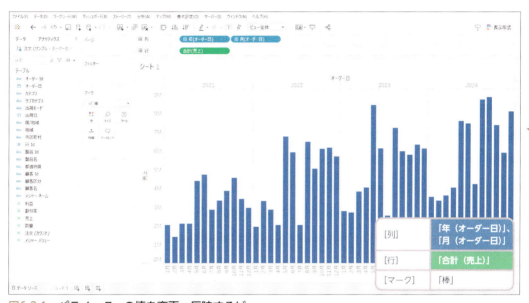

図6.3.1　パラメーターの値を変更・反映するビュー

❶ [データ] ペインの検索フィルターの右側にあるドロップダウン矢印 [▼] をクリック > [パラメーターの作成] をクリックします。

❷ 「リファレンスライン」という名前にして、図のようにパラメーターを設定します。

❸ [OK] をクリックして画面を閉じます。

❹ [データ] ペインにある「リファレンスライン」を右クリック > [パラメーターの表示] をクリックします。画面右上にパラメーターが表示されます。

❺ [アナリティクス] ペインで [リファレンスライン] をビューにドラッグ > [テーブル] にドロップします。

❻ [値] のプルダウンで「リファレンスライン」をクリックします。

❼ [ラベル] は [値] にして、パラメーターの値を表示します。

❽ [OK] をクリックして画面を閉じます。

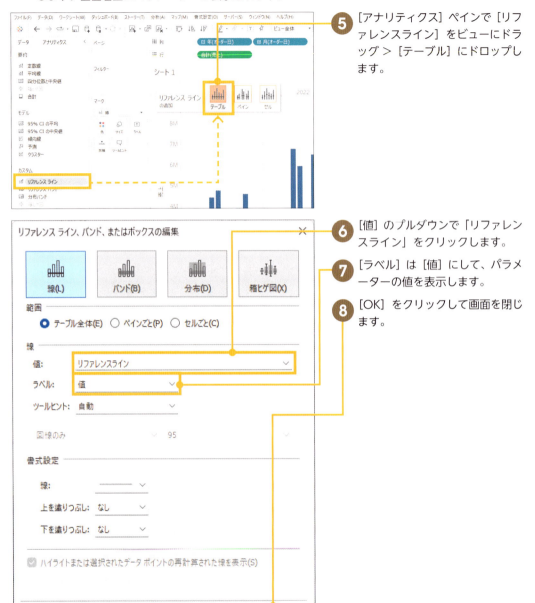

⑨ 色分けを行うために、パラメーターの値以上かどうかを表す計算フィールドを作成します。[データ] ペインで、メニューバーから [分析] > [計算フィールドの作成] をクリックして新しい計算フィールド「パラメーター値以上」を作成し、図のように式を組み立てます。
・パラメーター値以上
SUM([売上])>=[リファレンスライン]

⑩ [OK] をクリックして画面を閉じます。

⑪ [データ] ペインの「パラメーター値以上」を [マーク] カードの [色] にドロップします。

⑫ パラメーターの値をタイトルに表示します。タイトルを右クリック > [タイトルの編集] をクリックします。

⑬ [挿入] から「パラメーター.リファレンスライン」をクリックし、図のように入力します。

⑭ [OK] をクリックして画面を閉じます。

⑮ 新しいダッシュボードを作成し、シートをドロップします。

⑯ メニューバーから [ダッシュボード] > [アクション] をクリックします。

⑰ [アクションの追加] > [パラメーターの変更] をクリックし、図のように設定します。選択した月の「合計(売上)」を「平均」した値で、「リファレンスライン」のパラメーターを上書きします。

⑱ [OK] を2回クリックして、画面を閉じます。

グラフ上をクリックするとパラメーター値が上書きされ、リファレンスラインや色、タイトル、パラメーター値を変更できるカードの値が変わります。パラメーター値の変更は、ビュー上でもパラメーター値を変更するカードでも操作できます。

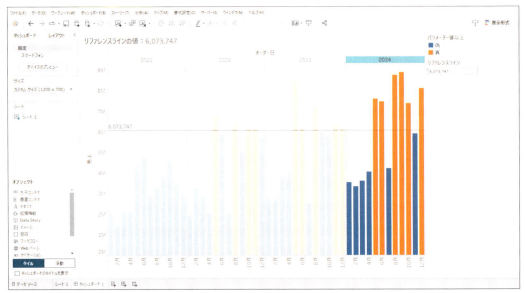

図6.3.2　ビューで選択した集計値をパラメーターに反映させたパラメーターアクション

■ 文字列（フィールド）のパラメーター値を変更

　パラメーターアクションを使用して、ビューで選択したテキストを計算フィールドに反映する仕組みを作成します。地域別の合計売上や四半期ごとの売上推移を表示し、選択する地域を色で目立たせ、全体の中での位置づけを把握します。ここでは、図6.3.3、図6.3.4、図6.3.5を作成した状態から始めます。手順❶〜❷でパラメーターを作成し、手順❸〜❺でパラメーター値を反映させ、手順❻以降でパラメーターアクションを設定します。

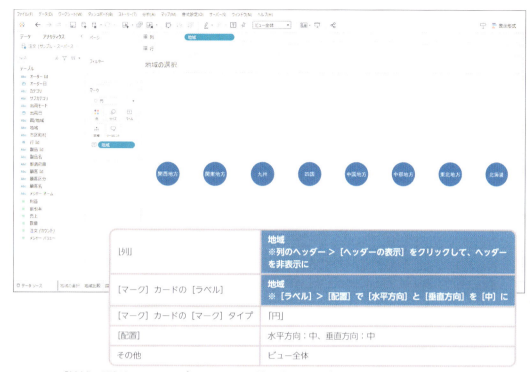

図6.3.3 「地域の選択」シート：パラメーターの値を変更するビュー

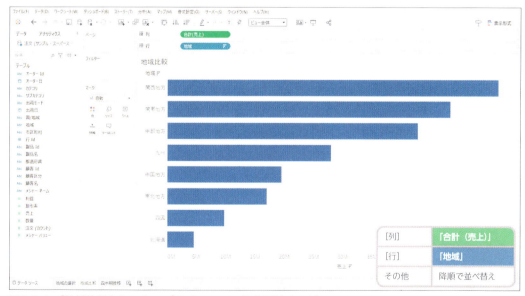

図6.3.4 「地域比較」シート：パラメーターの値を反映するビュー

341

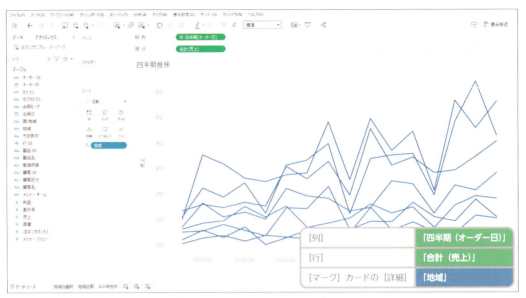

図6.3.5 「四半期推移」シート：パラメーターの値を反映するビュー

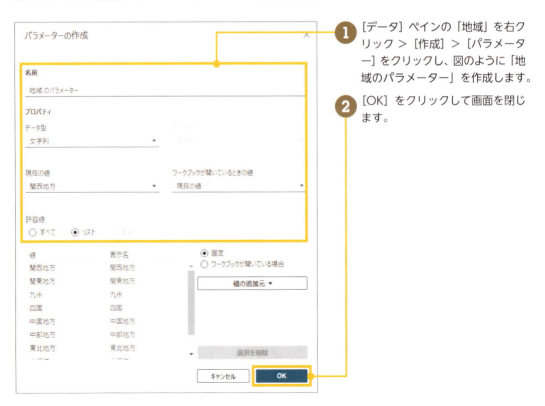

① [データ] ペインの「地域」を右クリック＞ [作成] ＞ [パラメーター] をクリックし、図のように「地域のパラメーター」を作成します。

② [OK] をクリックして画面を閉じます。

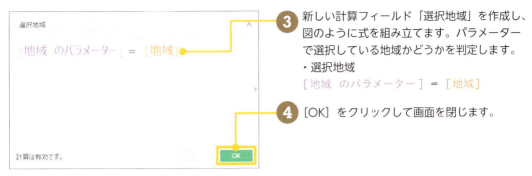

❸ 新しい計算フィールド「選択地域」を作成し、図のように式を組み立てます。パラメーターで選択している地域かどうかを判定します。
・選択地域
［地域 のパラメーター］ = ［地域］

❹ ［OK］をクリックして画面を閉じます。

❺ 「地域の選択」、「地域比較」、「四半期推移」のそれぞれのシートで、［データ］ペインから「選択地域」を［マーク］カードの［色］にドロップします。

❻ 新しいダッシュボードを作成し、「地域の選択」シートが上に、「地域比較」シートが左下に、「四半期推移」が右下になるようにドロップします。

❼ メニューバーから［ダッシュボード］＞［アクション］をクリックします。

❽ ［アクションの追加］＞［パラメーターの変更］をクリックし、図のように設定します。「地域の選択」シートで選択した値で、「地域のパラメーター」の値を上書きするようにします。

❾ ［OK］を2回クリックして、画面を閉じます。

　ダッシュボード上部の「地域の選択」で地域をクリックするとパラメーター値が上書きされ、選択した地域の色が変わります。さらに、6.1の節末にあるCOLUMNの通り、選択した部分をハイライトさせない設定を加えてもよいでしょう。図6.3.6は、色や書式設定を変更しています。

343

図6.3.6　パラメーターの値を計算フィールドに使ったパラメーターアクション

■ 文字列（メジャーネーム）のパラメーター値を変更

　パラメーターアクションを使用して、ビューで選択したメジャーの名前を、計算フィールドに反映する仕組みを作成します。「売上」、「利益」、「数量」の中から、選択したメジャーの四半期推移と地域比較を表示します。

　ここでは、図6.3.7を作成した状態から始めます。「売上」、「利益」、「数量」の文字とともに最終月の値を表示しています。シート名は「KPI」です。

　図を参考に、色や罫線の有無、ツールヒント、配置は任意で変更してください。手順❶～❷でパラメーターを作成し、手順❸～❹でパラメーター値を反映させ、反映させた計算フィールドを使用してビューを作成し、手順❺以降でパラメーターアクションを設定します。

図6.3.7 「KPI」シート:パラメーターの値を変更するビュー

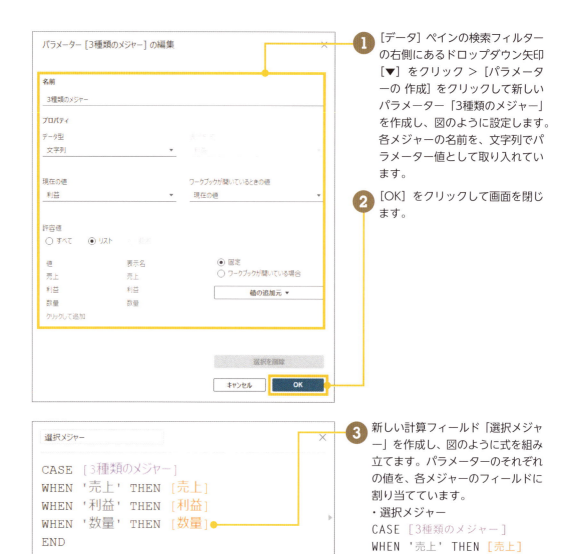

① [データ] ペインの検索フィルターの右側にあるドロップダウン矢印 [▼] をクリック ＞ [パラメーターの作成] をクリックして新しいパラメーター「3種類のメジャー」を作成し、図のように設定します。各メジャーの名前を、文字列でパラメーター値として取り入れています。

② [OK] をクリックして画面を閉じます。

③ 新しい計算フィールド「選択メジャー」を作成し、図のように式を組み立てます。パラメーターのそれぞれの値を、各メジャーのフィールドに割り当てています。
・選択メジャー
CASE [3種類のメジャー]
WHEN '売上' THEN [売上]
WHEN '利益' THEN [利益]
WHEN '数量' THEN [数量]
END

④ [OK] をクリックして画面を閉じます。

⑤ 図6.3.8と図6.3.9を参考にして、「月次推移」シートと「地域比較」シートを作成します。

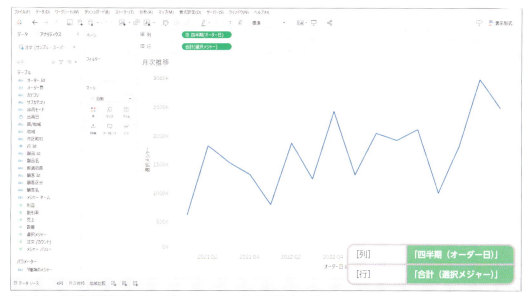

図6.3.8 「月次推移」シート：パラメーターの値を反映するビュー

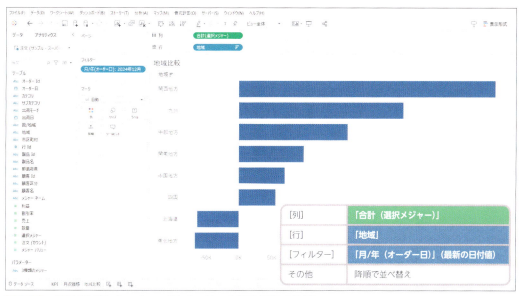

図6.3.9 「地域比較」シート：パラメーターの値を反映するビュー

6 新しいダッシュボードを作成し、「KPI」を上部に、その下に「月次推移」シートと「地域比較」シートが左右に並ぶようにドロップします。

7 メニューバーから［ダッシュボード］＞［アクション］をクリックします。

8 ［アクションの追加］＞［パラメーターの変更］をクリックし、図のように設定します。選択する「メジャーネーム」の名前で、「3種類のメジャー」パラメーターの値を更新することを意味しています。

9 ［OK］を2回クリックして、画面を閉じます。

MEMO

「月次推移」シートの縦軸名と「地域比較」シートの横軸名に、選択しているメジャーの名前を表示することもできます。

1 軸を右クリック＞［軸の編集］をクリックします。

2 ［軸のタイトル］の［タイトル］で「3種類のメジャー」を選択すると、パラメーターの値としてメジャーの名前を表示します。

ここまでの操作を終えたダッシュボードを図6.3.10に示します。「KPI」のビュー上で選択したメジャーを使用して、下の2つのビューが表現されるようになりました。図6.3.10は、サイズを変更しています。

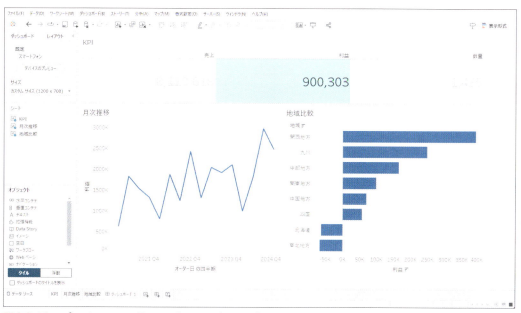

図6.3.10　パラメーターの値でメジャーを変えるパラメーターアクション

6.3.3 セットアクションとパラメーターアクションの比較

　セットアクションとパラメーターアクションの特徴を整理します。パラメーターアクションのほうができることは多岐にわたりますが、セットアクションにしかできないこともあります。

　もちうる値は、セットは元のデータセットにあるディメンションの一部ですが、パラメーターは元のデータに存在しない値を指定できます。

　データ型は、セットはブール型または文字列型ですが、パラメーターは数値型、文字列型、ブール型、日付型のいずれのデータ型にもなり得ます。

　複数の値を選択したい場合は、セットアクションを検討します。セットは複数の値を含められますが、パラメーターは1つの値だけを含みます。ただし、パラメーターアクションでは、複数選択した値を1つの値に集計することや、文字列を複数並べて保持する（例：関西地方, 九州）ことはできます。

　複数のデータソースをまたいで使用するときは、パラメーターアクションを使用することになります。

■■■INDEX さくいん

記号・数字

#	132
:	249
{}	249
100%積み上げ棒グラフ	30, 32

A

ATTR	102
AVG	103

B

Bar in Barチャート	30
Blending Data	128

C

Computing Layout	128
Computing Table Calculations	128
Connecting to Data Source	128
CONTAINS	100
COUNT	100
COUNTD	100

D

DATEADD	96, 103
DATEDIFF	103
DATETRUNC	103

E

ELSEIF	97
Events Sorted by Time	127
EXCLUDE	248
Executing Query	128

F

FIND	100
FIRST	209
FIXED	151, 248
F型	67

G

Generating Extract	128

Geocoding	128

I

IF	97
INCLUDE	248
INDEX	209
ISMEMBEROF	104

L

LAST	145, 209
LOD	248
LOD式	104, 249
LOD表現	133, 139, 247
LOOKUP	214

M

MAKEDATE	96
MAX	102
MIN	102
MONTH	103

P

Preferences.tps	49
PREVIOUS_VALUE	214

Q

Query	127

R

RANK	222
RANK_DENSE	222
RANK_MODIFIED	222
RANK_PERCENTILE	222
RANK_UNIQUE	222
RFM分析	272
RUNNING_AVG	228
RUNNING_COUNT	228
RUNNING_MAX	228
RUNNING_MIN	228
RUNNING_SUM	202, 228

S

SIZE ································209

T

Timeline ·····························127
TOTAL ·······························232

U

URLアクション ·····················310
USERNAME ·························104

V

Visual Query Language ··········· 83
VizQL ······························· 83

W

What-if分析 ·························153
WINDOW_AVG·······················232
WINDOW_CORR ···················233
WINDOW_COUNT ················232
WINDOW_COVAR ·················233
WINDOW_COVARP ···············233
WINDOW_MAX ····················232
WINDOW_MEDIAN················232
WINDOW_MIN ·····················232
WINDOW_PERCENTILE ··········232
WINDOW_STDEV ·················232
WINDOW_STDEVP ···············232
WINDOW_SUM ····················232
WINDOW_VAR ·····················232
WINDOW_VARP ···················232

Y

YFAR ·······························103

Z

Z型 ································· 67

あ

アート ······························ 62
アクション····························310
アドホック計算········· 124, 131
アニメーション機能···············226
網掛け····························· 59

アンダーライン························· 52

い

移動アクション·····················310
イベント·····························127
色································· 41
　組み合わせ例··············· 44
　選定······················· 41
インフォグラフィックス··············· 62

え

円グラフ······················· 32, 37

お

黄金比······························· 69
折れ線グラフ············· 30, 31, 36, 37

か

カスタムSQL······················· 89
カスタムカラーパレット··············· 48
型変換関数·························139
カテゴリーカラーパレット··········· 49
カラーパレット····················· 48
簡易表計算·························200
関数·······························137
　N行前後の値··············214
　行数·····················209
　集計·····················232
　順位·····················222
　累積·····················228
完全外部結合·····················280
ガントチャート····················· 35
関連値のみ·························111

き

キャッシュ························· 85
キャッシュ機能····················· 85
行数·······························209
行レベルの計算····················133

く

クイックLOD ·····················254
空間ファイル·······················182
　データの結合··················185

空間フィールド	185	スロープチャート	31

せ

正規表現	99, 101
セカンダリデータソース	296
設定ファイル	49
セット	165, 328
セットアクション	328
セル	208
線	59

区分	202
グリッド線	59
クロス集計	30, 34, 201
クロスデータソースフィルター	114

け

計算エディター	137
計算フィールド	130
構成要素	132
作成	130
データ型	132
形状	55
結合	92, 280
結合タイプ	284

た

滝グラフ	32
ダッシュボード	62
色	65
サイズ	69
作成手順	26
テキスト	65
配置	70
標準化	65
分析の流れ	119
ラベル	65

こ

コーポレートカラー	41
コホート分析	265
コンテキストフィルター	107, 140, 142, 146

さ

彩度	41
散布図	30, 33

ち

地図	34
スタイルの選択	180
描画	190, 195
抽出フィルター	107, 140

し

ジオメトリ	185
軸	60
自動更新の一時停止	123
斜体	52
集計	91
集計関数	139
集計計算	133, 134
集計表	34
順位	222
除外	110
書式設定	59

つ

ツールヒント	56
ツリーマップ	30, 32

て

ディメンション	249
ディメンションフィルター	108, 120, 140, 143, 149
データ型	93
数値（小数）	133
数値（整数）	133
日付	133
日付と時刻	133
ブール	133
文字列	133

す

垂直オブジェクト	70
水平オブジェクト	70
数値関数	139
ステップチャート	31
すべての値を除外	119

データソースフィルター……… 107, 140, 141	日付関数……………………………139
データの粒度…………………………284	非表示…………………………………90
テキスト………………………………30	表（下）……………………………205
デザイン要素…………………………39	表（下から横へ）…………………205
	表（横から下へ）…………………205

と

特定のディメンション………………208	表計算……………… 104, 133, 200
	区分………………………………202

な

内部結合………………………………280	セル………………………………208
	特定のディメンション…………208
	表（下）…………………………205

は

パーセンタイル………………………227	表（下から横へ）………………205
パーティション………………………86	表（横から下へ）………………205
背景色…………………………………51	ペイン……………………………206
ハイライトアクション……………310, 314	方向………………………………202
ハイライト表………………… 30, 34	表計算関数……………………………139
白銀比…………………………………69	表計算フィルター…… 108, 140, 143, 243
箱ひげ図……………………… 30, 33	ヒラギノ角ゴシック…………………52
パスマップ……………………………34	ビン……………………………………167
バックグラウンドレイヤー…………180	
パディング……………………………71	

ふ

パフォーマンス………………………82	ファネルチャート……………………35
パフォーマンスの記録………………127	フィールドラベル……………………60
バブルチャート………………………33	フィルター………… 91, 107, 140
パラメーター………………… 153, 336	種類………………………………140
シートの切り替え………………173	順序………………………………107
セット……………………………165	フィルターアクション…………… 120, 310
ビン………………………………167	フォント………………………………52
フィールドの切り替え…………159	物理テーブル…………………………285
フィールドの計算………………153	太字……………………………………52
フィルター………………………163	プライマリデータソース……………296
リファレンスライン……………169	ブレットチャート……………………30
パラメーターアクション……………336	不連続…………………………………112
パレート図……………………………32	ブレンド……………… 92, 280, 281
バンプチャート………………………31	分岐カラーパレット…………………49

ひ

へ

ビジュアル分析……………… 24, 62	ペイン…………………………………206
単発的な分析用途………………64	ペイン（下）………………………206
プレゼンテーション用途………64	ペイン（下から横へ）……………207
レポート用途……………………63	ペイン（横から下へ）……………207
ヒストグラム………………… 30, 33	
左結合…………………………………280	

ほ

	棒グラフ……………… 30, 36, 37, 38
	方向……………………………………202

353

保持……………………………………110	ユニバーサルデザイン……………………… 79
ボリンジャーバンド…………………… 35	

ま

マーク数…………………………………117	ラベル…………………………………… 52
マップ…………………………… 34, 38	ランキング………………………………222
	表示………………………………223

み

右結合……………………………………280	リレーションシップ…………… 92, 280, 282
密度マップ……………………………… 34	

め

明度……………………………………… 41	連続……………………………………112
メイリオ………………………………… 52	連続カラーパレット……………………… 49
メジャーフィルター………… 108, 140, 143	

も

文字列関数………………………………139	論理関数…………………………………139
	論理テーブル……………………………285

ゆ

ユーザー関数…………………… 104, 139	ワークブックオプティマイザー……………126
ユニオン………………… 280, 284, 305	枠線……………………………………… 59

ら

り

れ

ろ

わ

著者プロフィール

松島 七衣 （まつしま ななえ）

早稲田大学大学院創造理工学研究科修了。

富士通株式会社を経て、2015年から6年半、Tableauにてセールスエンジニアとして従事。2018年、経済産業省主催「Big Data Analysis Contest」の初の可視化部門にて、Tableauを使って金賞を受賞。その作品は、Tableau社による優れたダッシュボードを紹介するViz of the Dayにも選出。2018年から2020年にかけて、日経クロストレンドで効果的なビジュアル分析に関する記事を寄稿。Tableauの最上位認定資格「Tableau Desktop Certified Professional」の他、Salesforce、Dataiku、Alteryx、SAS、IBMなどの統計やAIに関する製品の資格を保有。

現在はAIのスタートアップ企業に在籍し、セールスエンジニアリング部門の日本ヘッドとして従事。また、個人として企業に対するTableauのアドバイザリーを行い、データ活用の促進を支援している。

・著書

『Tableauによる最強・最速のデータ可視化テクニック 第3版 〜データ加工からダッシュボード作成まで〜』（翔泳社）

『Tableauユーザーのための伝わる！わかる！データ分析×ビジュアル表現トレーニング 〜演習で身につく実践的な即戦力スキル〜』（翔泳社）

カバーデザイン	嶋健夫
本文デザイン・DTP	ケイズプロダクション

Tableauによる最適なダッシュボードの作成と
最速のデータ分析テクニック 第2版
~優れたビジュアル表現と問題解決のヒント~

2024年11月7日　初　版　第1刷発行

著　　者	松島 七衣（まつしま ななえ）
発 行 人	佐々木 幹夫
発 行 所	株式会社翔泳社（https://www.shoeisha.co.jp）
印刷・製本	株式会社シナノ

©2024 Nanae Matsushima

※本書は著作権法上の保護を受けています。本書の一部または全部について（ソフトウェアおよびプログラムを含む）、株式会社翔泳社から文書による許諾を得ずに、いかなる方法においても無断で複写、複製することは禁じられています。

※本書へのお問い合わせについては、2ページに記載の内容をお読みください。

※造本には細心の注意を払っておりますが、万一、乱丁（ページの順序違い）や落丁（ページの抜け）がございましたら、お取り替えいたします。03-5362-3705までご連絡ください。

ISBN978-4-7981-8437-1　Printed in Japan